利国利民　造福子孙

功在当代　利在千秋

水中机器人(机器鱼)教育2D仿真系列教材

多机器鱼协作仿真系统

编著　谢广明　李淑琴　何宸光

HEUP 哈爾濱工程大学出版社

内 容 简 介

多机器鱼协作仿真系统是中国素质体育机器人运动会水中专项2D仿真组竞赛项目所指定的软件平台。本书全面系统地介绍了多机器鱼协作仿真系统的设计模型、实现原理以及使用方法等问题。全书共8章。第1章绪论；第2章介绍仿真系统的总体设计；第3章介绍仿真系统的实现过程；第4章介绍仿真系统中碰撞检测的方法和效果；第5章介绍仿真机器鱼的伪3D绘制；第6章介绍仿真障碍物的设计与实现；第7章介绍仿真系统应用；第8章为总结与展望。本书适用于参加中国素质体育机器人运动会水中专项运动全局视觉组竞赛项目的所有教练员、裁判员和运动员教学使用，也适合机器人爱好者学习参考。

图书在版编目（CIP）数据

水中机器人（机器鱼）教育2D仿真系列教材. 多机器鱼协作仿真系统/谢广明，李淑琴，何宸光编著. —哈尔滨：哈尔滨工程大学出版社，2013.7
ISBN 978-7-5661-0611-7

Ⅰ. ①水… Ⅱ. ①谢… ②李… ③何… Ⅲ. ①海洋机器人-仿真系统-竞赛-教材 Ⅳ. ①TP242

中国版本图书馆CIP数据核字（2013）第148166号

出版发行 哈尔滨工程大学出版社
社　　址 哈尔滨市南岗区东大直街124号
邮政编码 150001
发行电话 0451-82519328
传　　真 0451-82519699
经　　销 新华书店
印　　刷 哈尔滨市石桥印务有限公司
开　　本 787mm×960mm 1/16
印　　张 9
字　　数 147千字
版　　次 2013年7月第1版
印　　次 2013年7月第1次印刷
定　　价 25.00元
http://www.hrbeupress.com
E-mail：heupress@hrbeu.edu.cn

水中机器人(机器鱼)教育2D仿真系列教材

编审委员会

前言

江泽民同志指出：科学技术是第一生产力。振兴经济首先要振兴科技。只有坚定地推进科技进步，才能在激烈的竞争中取得主动。当前，我国经济正面临着加速发展、调整结构、提高效益的重大任务，尤其需要全社会提高科技意识，多方面增加科技投入，真正依靠科技进步。科技工作要面向经济建设主战场，在开发研究、高新技术及其产业、基础性研究这三个方面合理配置力量，确定各自攀登高峰的目标。在世界高科技领域中，中华民族要占有应有的位置。通过深化改革，建立和完善科技与经济有效结合的机制，加速科技成果的商品化和向现实生产力转化。不断完善保护知识产权的制度。认真抓好引进先进技术的消化、吸收和创新。努力提高科技进步在经济增长中所占的含量，促进整个经济由粗放经营向集约经营转变。

众所周知，文化是一个民族的实力，教育是一个民族的生机，体育是一个民族的国力。社会变革是极其巨大的，正是这极其巨大的变革迫使人们去认识新事物，迎接新挑战，迫使人们去思考许许多多前所未有的东西。服务机器人作为新生事物，已经走进人类，人类已经走进机器人时代。机器人技术涵盖了人类所有的学科知识和自然科学知识，特别是智能机器人和服务机器人，与人们的生产生活密不可分。2012 年国家科技部组织编制了《服务机器人科技发展“十二五”专项规划》，《规划》中明确了服务机器人技术是集机械、信息、材料、生物医学等多学科交叉的战略性高技术，对于相关技术与产业的发展起着重要的支撑和引领作用。在全国范围内实施《服务机器人科技发展“十二五”专项规划》，实现机器人技术作为战略高技术，推动国防军事、智能制造装备、资源开发，发展未来服务机器人产业，有望培育新的战略性新兴产业，而且具有很强的技术辐射性与带动性，对促进智能制造装备发展、提高应急处理突发事件能力、发展医疗康复设备、增强军事国防实力等都具有十分重要的现实意义。

2011 年，国家体育总局与神州通信集团战略合作，共同调研机器人运动的国际和国内现状，在美国、日本、欧洲国家等发达国家，机器人教育教学已被纳入中小学的必修课，有些大学还专门设立了机器人学科或机器人学院；机器人体育赛事方面，国际上著名赛事均由本国军事或太空部门主办，如AUVic赛事由国际无人系统联合会（AUVSI）和美国海军装备研究中心联合主办，水下SAUC－U赛事由全球海军技术研究局主办。机器人运动在我国必须规范开展，而规范的前提是规则。国家体育总局借鉴国际机器人教育教学和机器人体育赛事的先进经验，结合国内机器人赛事的现状，根据《中华人民共和国体育法》的有关规定，将机器人运动纳入国家社会体育运动项目，定义为中国素质体育机器人运动，以彰显这项运动的本质是素质教育。

中国素质体育机器人运动受到了社会各界的广泛关注，全国政协十一届五次会议上以关于“高度重视，深入做好素质体育机器人赛事”提出提案（3427号），国家体育总局对提案作出答复（体群字【2012】96号）。《答复》中明确做好六项工作：一、项目的基础建设；二、组织建设；三、竞赛系统建设；四、加强对外交流；五、把握文化大发展大繁荣对素质体育机器人运动带来的新机遇、新要求；六、加强与其他部门的合作。并于2012年颁布施行《中国素质体育机器人运动通用竞赛规则》，为这项利国利民伟大工程的规范开展、健康开展、广泛开展打下了坚实的基础。

此次出版的机器人专项教育系列教材在我国机器人教育领域尚属首次，此系列教材的出版使我国机器人基础教育、专项教育、学历教育的全面普及有了良好的开端，为我国机器人体育事业的健康发展、积极发展起到了巨大的推动作用。

何宸光

2013年3月于北京

目　　录

第 1 章　绪论 …… 1
1.1　引言 …… 1
1.2　多机器人协作仿真系统 …… 5
1.3　水中仿生机器人协作仿真系统 …… 10
思考与练习题 …… 11
第 2 章　仿真系统设计 …… 12
2.1　引言 …… 12
2.2　系统开发选型 …… 13
2.3　功能规划 …… 17
2.4　架构设计 …… 19
2.5　系统比赛控制模块设计 …… 26
思考与练习题 …… 27
第 3 章　仿真系统实现 …… 28
3.1　引言 …… 28
3.2　以仿真任务为中心的对象模型 …… 29
3.3　以仿真循环为主线的运行流程 …… 32
3.4　基于实验数据的简化动力学和运动学模型 …… 32
思考与练习题 …… 37
第 4 章　碰撞检测和响应 …… 38
4.1　引言 …… 38
4.2　碰撞建模 …… 38
4.3　碰撞检测 …… 45
4.4　碰撞响应 …… 55
4.5　碰撞模拟的实现与结果 …… 62
思考与练习题 …… 68

第 5 章　仿真机器鱼的伪 3D 绘制 ………………………………………… 69
5.1　问题描述 ……………………………………………………………… 69
5.2　伪 3D 鱼体绘制方案 ………………………………………………… 71
5.3　鱼体建模 ……………………………………………………………… 78
5.4　动态坐标点计算 ……………………………………………………… 81
5.5　CPG 运动学模型 ……………………………………………………… 83
5.6　绘制技术解析 ………………………………………………………… 85
5.7　绘制结果对比 ………………………………………………………… 90
思考与练习题 …………………………………………………………… 91
第 6 章　仿真障碍物的设计与实现 ……………………………………… 92
6.1　仿真障碍物分类 ……………………………………………………… 92
6.2　静态障碍物 …………………………………………………………… 92
6.3　动态障碍物 …………………………………………………………… 93
思考与练习题 …………………………………………………………… 102
第 7 章　仿真系统应用 ………………………………………………… 103
7.1　仿真任务开发 ………………………………………………………… 103
7.2　仿真策略开发 ………………………………………………………… 108
思考与练习题 …………………………………………………………… 118
第 8 章　总结与展望 …………………………………………………… 119
附录　名词解释 ………………………………………………………… 121
参考文献 ………………………………………………………………… 123
后记 ……………………………………………………………………… 127

第1章 绪　论

1.1 引　言

自1959年美国万能自动化（Unimation）公司制造出第一台真正实用的工业机器人“尤尼梅特（Unimate）”以来，机器人技术随着人类生产生活需求的提高和相关技术的进步而不断发展。经过五十多年的发展，从功能上看，机器人技术已经走过两代，进入第三代。第一代为工业机器人，主要应用领域是工业自动化，典型的应用场景是汽车生产线上使用机械臂自动焊接和喷涂；主要特点是采用“示教—再现”方式重复作业，帮助人类完成枯燥重复的操作任务。第二代为遥控机器人，主要应用领域是宇航、海底作业、核工业等，典型的应用场景是海洋资源勘探船上使用无人遥控潜水器潜入深海进行拍摄或取样；主要特点是通过遥控指令进行远距离作业，可以进入人类自身难以进入的场所完成任务。第三代为目前正雨后春笋般涌现的智能机器人，应用领域十分广泛，几乎各种人类不愿意亲自完成或人类亲自完成代价过高的任务，都有人在试图研究相应的智能机器人去完成，典型的应用场景是客人在酒店门口下车时迎宾机器人绅士般地迎上去接待客人；主要特点是具有运动、感知、学习、适应、逻辑判断和交互能力，可以从更多方面服务人类的生产生活。机器人技术，无论怎么发展，其目的离不开帮助人类探索自然、开发资源和辅助生产生活。

海洋覆盖地球面积的三分之二强，蕴藏着丰富的生物资源和矿产资源，对人类未来的生存有着重要的影响。世界人口的37%左右居住在离海洋100千米以内的区域。但人类竭尽全力开发陆地资源，并尝试探测太空资源时，海洋资源在某种程度上却有被忽视之嫌。迄今，人类对丰富的海洋资源，尤其是深海资源，连探测都谈不上深入，更不用说大规模开发。因为海洋资源的探测和开发，比陆地资源甚至太空资源更难，在现有技术条件下，只能逐步探索。在海洋资源探测和有效开发利用、海洋环境保护方面，水中机器人有着无可替代的地位。

早期的水中机器人技术源于海洋探测和海底作业应用，即无人潜水器系统的研究，是第二代机器人技术即遥控机器人技术的重要分支。这个阶段的水中机器人主要是指无人潜水器，它又分为无人遥控潜水器（Remotely Operated Vehicle，ROV）和自治水中机器人（Autonomous Underwater Vehicle，AUV）两种类型。ROV 和水面母船之间通过脐带电缆连接，脐带电缆将电力和控制信号由母船向 ROV 传输，将数据信号由 ROV 向母船传输；而 AUV 和母船之间则没有物理连接，依靠自身携带的动力和机器本身的智能自主航行。整体看来，这个阶段的水中机器人体积庞大、系统复杂、造价高昂、机动性和灵活性有限，可以称之为大中型水中机器人，主要应用于广阔的海洋，尤其是深海环境中大范围大规模作业。而在各种江河湖泊和人工水环境中，进行小范围小规模作业的需求，如水中污染物取样、水中场景图像或视频采集等，多数情况下无法使用大中型水中机器人，即使能使用，成本也太高。于是小型甚至微型水中机器人的研究应运而生。

诞生于 20 世纪 60 年代的仿生学（Bionics），是生物科学学科和工程技术学科交叉融合而形成的一门新兴学科，主要目的是通过学习、模仿、复制和再造生物系统的结构、功能、工作原理及控制机制，以改进现有的或创造新的技术装置或工艺过程。现代仿生学外延广泛，机器人学是其主要结合和应用的领域之一。

当水中机器人和仿生学相遇时，科研工作者的目光自然而然地投向了鱼类。作为自然界出现最早的脊椎动物，经过亿万年的自然选择，鱼类进化出了非凡的水中运动能力，既可在持久游速下保持低功耗、高效率，又可在拉力游速或爆发游速下实现高机动性。鱼类这种完美的水中运动本领，在吸引生物学家研究鱼类运动机理的同时，也吸引着机器人研究者模仿真鱼制造机器鱼。1994 年 MIT 成功研制出世界上第一条真正意义上的仿生金枪鱼（Robotuna），树立了机器鱼研究领域的第一块里程碑。随着机械、材料、自动控制、微电子和计算机等相关技术的发展，水中仿生机器人，尤其是机器鱼的研究渐成热点。

单个水中仿生机器人的设计制造，相对大中型水中机器人来说，成本要低很多，但作业能力也相应弱了不少；一种可能的发展途径就是研究水下多机器人系统，让多个成本较低、能力有限的小微型水中仿生机器人协作起来完成任务。

陆地机器人领域，多机器人系统的研究从工业机器人时代就已经开始。典型的陆地多机器人系统有协作机器人系统、自重构机器人系统、群智能机器人系统及足球机器人系统等四类。中科院沈阳自动化所以制造业应用多机器人装配为背景，建立了一个多机器人协作装配系统（Multi-Robot Cooperative Assembly System，MRCAS）；日本 Nagoya 大学的 T. Fukuda 教授带领的研究小组在生物细胞结构启发下研制出一个典型的自重构机器人系统 CEBOT（CEllular roBOTic system）；美国 USC 大学开发出一个典型群智能机器人系统 The Nerd Herd；足球机器人系统则在 RoboCup 和 FIRA 两大国际机器人竞赛推动下不断发展。

水中机器人领域，多机器人系统研究始于大中型水中机器人，尤其是 AUV 分支。1988 年，美国国家标准局机器人系统部（Robot Systems Division，National Bureau of Standards，NBS）就展开了对水下多机器人系统的研究，目的是制造一个具有智能、自主和协作特性的多机器人系统。1996 年，日本东京大学生产技术研究所（Institute of Industrial Science，University of Tokyo，IIS）以其研制的 AUV Twin-Burger 为基础构建了一个水下多机器人系统。2001 年，美国海底自治系统研究所（Autonomous Undersea Systems Institute，AUSI）在其研制的多种 AUV 的基础上，展开了异构 AUV 水下协同作业的研究。而小微型水下多机器人系统的研究，由于其本身的研究起步就比较晚，且研究者的目光更多地集中在单个机器人仿生特性上，因而进展不大。

在小微型水中机器人、仿生机器人和多机器人系统的结合点上，北京大学智能控制实验室（Intelligent Control Laboratory，ICL，作者所在实验室，以下简称 PKUICL）设计出了一类三关节、无线控制的小型仿生机器鱼，如图 1.1 所示，并开发了一套基于全局视觉的多机器鱼协作系统，如图 1.2 所示。CCD 摄像头采集机器鱼外部状态信息和环境信息，图像通过图像采集卡输入集控主机，主机上的协作系统软件处理图像，结合无线通信模块反馈回来的机器鱼内部控制信息，作为控制和决策系统的输入，最后输出机器鱼的控制命令，通过无线通信模块发送给机器鱼，机器鱼内嵌的微控系统解析控制命令，驱动机器鱼按照指定的方式运动，实现各种协作任务。

PKUICL 在前述三个分支结合点上的研究，并不局限于机器鱼，而是设计了一系列小微型非陆地仿生机器人，包括机器鱼、机器海豚、机器海龟和机器

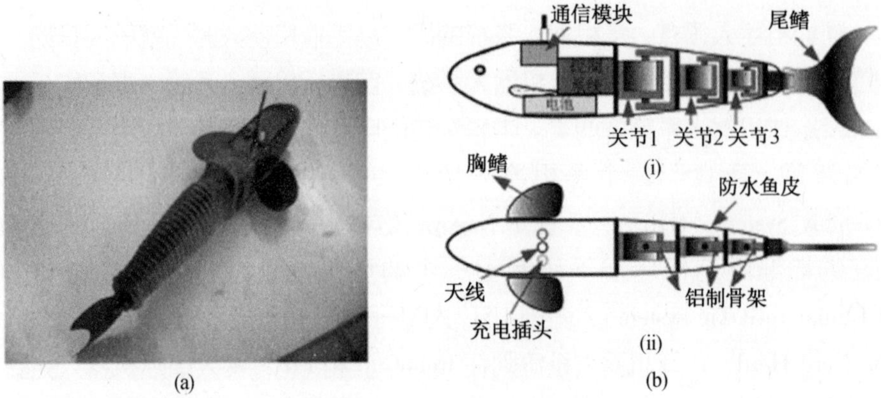

图 1.1　小型仿生机器鱼示意图

（a）机器鱼原型；（b）机器鱼机械结构示意图

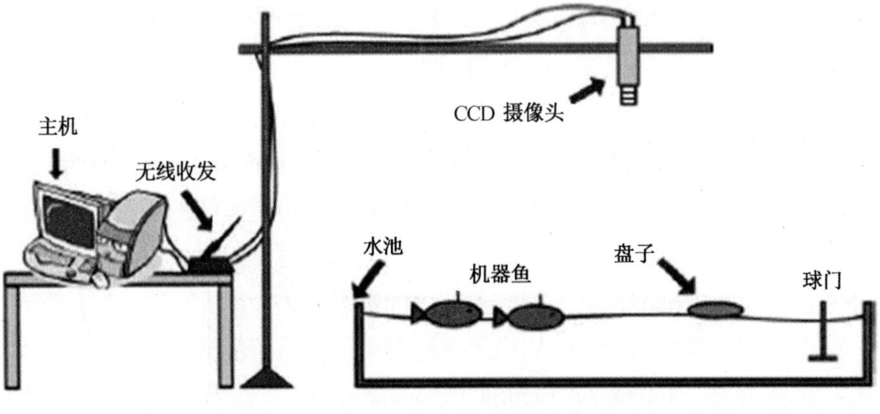

图 1.2　多仿生机器鱼协作系统硬件结构示意图

蝾螈等多个系列；再以此为基础进行多机器人相关研究；这些研究对象并不一定只工作在水底，远景目标也不仅限于水下应用，可能衍生出水面应用甚至两栖应用；因此 PKUICL 的非陆地仿生机器人可以统称为水中机器人，结合仿生特性，就是水中仿生机器人。

在文献［20］改进设计的基于全局视觉的多机器鱼协作系统基础上，PKUICL 于 2007 年提出机器鱼水球比赛这个多水中机器人协作标准问题，被作为第一个中国高校完全自主开发的比赛项目列为当年恰在中国苏州举行的

RoboCup 全球比赛展示项目；现在，该项目已经发展成为中国机器人大赛暨 RoboCup 中国公开赛正式项目并进行过多届比赛，在机器人科普和水中机器人研究示范方面发挥着重要作用，发展势头良好。

然而，为了将多个机器人有机组合起来完成给定任务，必须根据任务的要求设计一套行之有效的算法。算法的合理性和有效性可以通过计算机仿真进行初步验证，然后再通过实际的多机器人系统进行实验验证。如果没有仿真系统的支撑，任何一点调整都要通过实体机器人反复实验来验证，那么研究人员面对的困难便可想而知。一方面在研的实体机器人本身成熟度可能不高，一些无关紧要的因素可能对实验造成不可预知的影响。另一方面反复的实体机器人实验对研究人员的时间精力和实体机器人机械寿命及耗材消耗都很大，很可能造成人力物力的浪费。最重要的一方面是，在很多情况下，实体机器人实验因为受制于复杂的客观条件，无法（或者有办法但成本高得无法承受）有针对性地验证和测试某些值得关注的问题及其解决方案。而且，现代视景仿真技术，将仿真领域最为重视的数学模型和先进的可视化技术结合起来，通过仿真系统进行实验可以比实际实验更为直观地反映诸多基本问题，减少研究人员的工作量。因此，多机器人协作仿真系统在多机器人研究中有着不可或缺的地位。本书将从此仿真系统的发展过程、架构搭建、实现、应用等几方面详细地进行介绍。

1.2　多机器人协作仿真系统

多机器人协作是指多个机器人在完成一些集体活动时相互合作的性质。多个机器人通过协调协作，可以完成单个机器人难以完成的复杂作业；可以提高机器人系统在作业过程中的效率；可以增强机器人系统的环境适应能力；还可使多机器人系统解决更多的实际问题，拓宽应用的途径。多机器人协作是机器人技术发展的一种趋势，也是实际应用迫切要求的结果。随着机器人技术的不断发展，机器人协作已成为机器人领域研究的热门课题之一。

国内外许多研究机器人的机构，在研究过程中，均为其多机器人系统构建了相应的仿真实验环境。

1.2.1 陆地多机器人协作仿真系统

陆地机器人领域，典型的多机器人仿真系统有卡耐基梅隆大学（Carnegie Mellon University，CMU）开发的 TeamBots；美国乔治亚理工学院（Georgia Institute of Technology，GaTech）开发的 MissionLab；美国乔治梅森大学（George Mason University，GMU）开发的 MASON；日本筑波（Tsukuba）电子技术综合研究所（ElectroTechnical Laboratory，ETL）松原仁（Itsuki Noda）及后续诸多开发者共同开发和维护的 Soccer Server（rcssserver）；德国科布伦次朗道大学（Koblenz Landau University，KLU）的奥利弗·奥伯斯特（Oliver Obst）和马尔科·科格勒（Marco Kogler）及后续诸多开发者共同开发和维护的 SimSpark 和 Soccer Server 3D（rcssserver3D）；中国东北大学佟国峰等人开发和维护的牛牛（NewNeu）系列足球机器人仿真平台等。

1. TeamBots

TeamBots 是一套用于移动多机器人系统研究的软件，它支持多机器人控制系统的原型构造、仿真和执行；它的主要组件有仿真环境程序 TBSim、实体机器人控制系统程序 TBHard。

TeamBots 2.0 版的 TBHard 可以用于控制 Nomadic Technologies 公司生产的 Nomad 150 型机器人和 Probotic 公司生产的 Cye 型机器人。而 TeamBots 仿真环境 TBSim 最重要的特性是支持对任意 TBHard 能控制的实体机器人的原型构建和仿真，因此 TeamBots 2.0 可以仿真 Nomad 150 和 Cye 机器人，甚至可以构建这两种机器人仿真模型构成的异构多机器人仿真场景。

TBSim 仿真环境可以通过读取一个简单的配置文件来构建，在配置文件中可以指定仿真环境所包含的对象及其相关属性，这些对象可以是墙体、道路、一个或多个机器人和圆形障碍物。一个典型的仿真场景如图 1.3 所示。

TeamBots 是开源软件，可以从其官方网站 http://www.teambots.org 或 http://www.cs.cmu.edu/下载。

2. Soccer Server 和 Soccer Server 3D

Soccer Server（rcssserver）和 Soccer Server 3D（rcssserver3D，包括 SimSpark）是机器人世界杯足球锦标赛（Robot Soccer World Cup，RoboCup）的二维（2D）和三维（3D）仿真比赛项目官方比赛平台。

Rcssserver 采用客户端/服务端（Client/Server，C/S）模式。服务端模拟

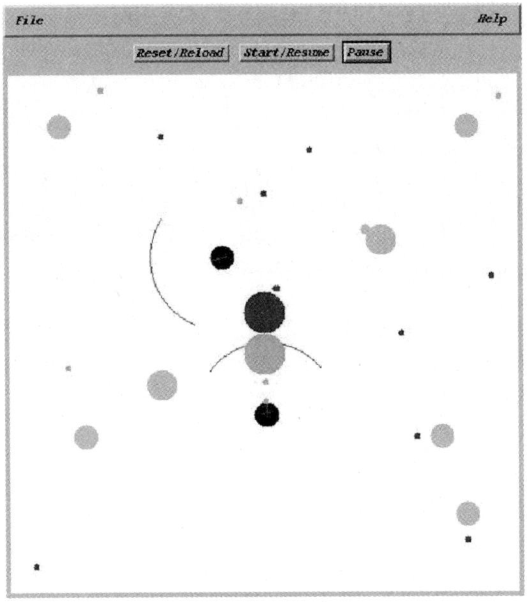

图 1.3　TeamBots 仿真场景图

一片虚拟的二维足球场、控制比赛过程并处理各客户端进程之间的通信，主要由三大模块构成，分别是场地模拟模块、裁判模块和消息交互模块。客户端模拟单个足球机器人，但其物理模型（包括位置、速度、加速度等物理属性）和几何模型（包括形状、尺寸、颜色等外观属性，事实上 Rcssserver 的形状一直都是非常简单的圆形，圆形内填充不同的颜色和数字编号用以指示机器人的方向和区分不同的机器人）由服务端模拟，本质上客户端只是模拟实体机器人的控制系统。客户端由参赛队伍根据服务器端给出的控制接口和通信协议进行编写。

客户端和服务器端之间采用 UDP/IP 协议进行通信。比赛时，由启动的服务器端进程确定每支队伍的机器人数量（一般为 11），然后每支队伍都启动该数量的客户端进程，每个客户端进程第一次连接到服务器端进程时，会被分配一个仿真机器人。随后，各客户端模拟的机器人控制系统通过向服务器端发送控制命令的方式控制该仿真机器人进行比赛。

Rcssserver 服务器端运行界面如图 1.4 所示。

Rcssserver3D 总体架构与 Rcssserver 基本一致，采用 C/S 模式，服务端模

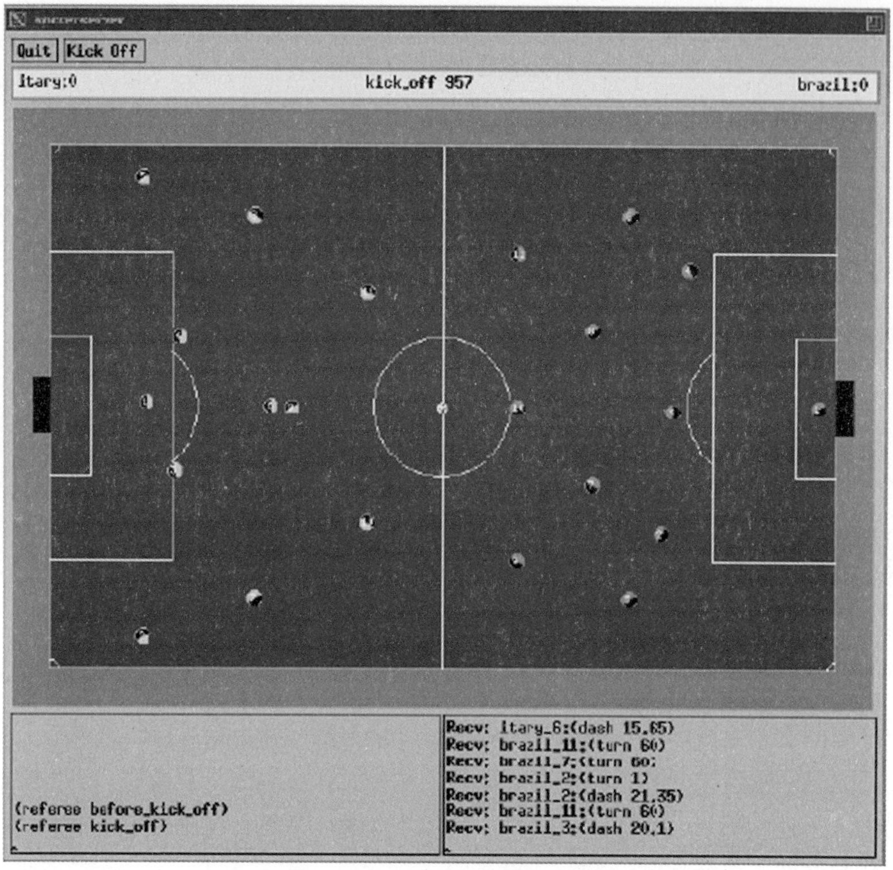

图 1.4　Rcssserver 服务器端运行界面图

拟仿真环境、控制仿真过程并负责客户端间的通信；客户端需要参赛队伍编写，用以模拟单个足球机器人的控制系统，控制服务端模拟出来的足球机器人。最根本的不同在于 Rcssserver3D 构建了一个 3D 仿真物理引擎 SimSpark，可以非常灵活地配置和处理仿真足球机器人的物理和几何属性及仿真环境，并以更加直观的 3D 方式呈现。Rcssserver3D 因此获得极大的可扩展性，仿真足球机器人由早期的只具有简单物理和几何属性的球形，到具有比较复杂的物理和几何属性的小车形，再发展到具有高度复杂的物理和几何属性，并且支持较为复杂的传感器仿真的类人形。

Rcssserver 服务器端运行界面如图 1.5 所示。

图 1.5 Rcssserver3D 服务器端运行界面图

Rcssserver 和 Rcssserver3D 都是开源软件。前者自 1995 年开发出来，1997 年第一次用于正式比赛，截至 2012 年 4 月已经发布到 15.0.1 版本；自 2001 年 5.26 版起，项目托管到著名开源软件网站 sourceforge.net，含源代码的软件包可以从项目主页 http://sourceforge.net/projects/sserver 下载，可下载的历史版本有 60 个。后者自 2003 年开始规划，2004 年第一次用于正式比赛，截至 2012 年 4 月已经发布到 0.6.5 版本；从 0.1 到 0.6 版之间发布的 17 个版本与 Rcssserver 合并管理，在相同的项目主页下载；自 2009 年起，项目走向通用仿真平台方向，核心模块独立出来，项目名称更改为 SimSpark；从 0.6.1 版起，项目主页更改为 http://sourceforge.net/projects/simspark，截至 2012 年 4 月已有 0.6.1 到 0.6.5 共 5 个版本。

1.2.2 水中多机器人协作仿真系统

水中机器人领域，诸多 AUV 研究机构为其 AUV 研究而开发的水下多机器人仿真系统在其相应的 AUV 研究过程中发挥着重要作用。如美国海军研究生院（Naval Postgraduate School，NPS）的 NPS AUV Integrated Simulator（NPSAIS）；日本东京大学水中机器人及其应用实验室（Underwater Robotics & Application Laboratory，URAL）为其 Twin-Burger AUV 开发的 Multi – Vehicle Simulator（MVS）；美国夏威夷大学马诺分校自治系统实验室（Autonomous

Systems Laboratory，ASL）的 Distributed Virtual Environment Collaborative Simulator（DVECS）；美国海底自治系统研究所（Autonomous Undersea Systems Institute，AUSI）为其 Solar-powered AUV 研制的 Cooperative AUV Development Concept（CADCON）和中国科学院沈阳自动化研究所为其 AUV 研究而开发的多水中机器人实时仿真系统等。

2010 年，PKUICL 开始展开机器鱼水球比赛实时仿真系统的研究并开发了初步的原型系统。但该系统由于研究人员时间仓促，功能有限，诸多特性没有考虑，因此，我们以前述实时仿真系统的研究经验为基础，着手研究新一代水中仿生机器人协作仿真平台。

1.3 水中仿生机器人协作仿真系统

机器人相关研究由于领域广、研究成本高、试验难度大，因此先在仿真环境下进行试验，在确认研究成果与研究目标比较接近时，再进行实体机器人验证的方法具有明显优势和广泛吸引力。

PKUICL 开展水中仿生机器人及其相关的多机器人协作、群体智能研究已有时日，迫切需要一套比较完善的水中仿生机器人协作仿真平台的辅助和支持。

同时，随着机器人相关研究的深入，机器人科普力度也在加大，各类机器人竞赛方兴未艾。RoboCup 机器人足球赛的兴起，吸引了国内外的诸多高校和研究机构参与。一年一度的中国机器人大赛，同时也是 RoboCup 中国公开赛，比赛项目主要采用国际设置，比赛平台多为国际机构或企业的产品。发展多年后，自主项目的开创提上日程，其主办机构——中国自动化学会机器人竞赛工作委员会委托 PKUICL 谢广明老师开创自主的水中机器人比赛项目，其中两个重要的子项目，便是 2D 和 3D 仿真比赛，这两个赛事都需要对应的比赛平台。而水中仿生机器人协作仿真平台的研究不仅能为水中仿生机器人协作相关研究提供便利；还能为水中机器人比赛提供平台，推动水中机器人比赛的发展。此仿真系统真实地模拟了仿生机器人各个关节的位姿变化、运动状态变化情况及机器鱼水球比赛运行等状况。一方面，可以更好地研究仿生机器人的运动学理论、碰撞理论、运动策略算法等；另一方面，还可以让更多的研究人员、学生参与到平台的开发和比赛中，为水中机器人技术的发展作出了一定的贡献。目前，该平台已经被中国水中机器人大赛以及RoboCup机器人大赛所采用，取得了非常好的效果。

思考与练习题

1. 多机器人协作的含义是什么？
2. 水中仿生机器人协作仿真系统的研究意义是什么？
3. 论述机器人技术的发展趋势。

第 2 章　仿真系统设计

2.1　引　　言

文献［31］提出了多机器人系统仿真平台应该满足的几个要求。一是通用性，即仿真平台应该能够模拟目标多机器人系统的多种特性并扩展丰富的仿真应用。二是有效性，即仿真平台应该能够模拟多机器人系统并行异步的特点。三是实时图形显示，即仿真平台应该能够以实时和图形化的方式直观显示模拟的多机器人系统的运行状况。四是能提供与算法的友好接口，方便增加新的机器人类型，具备良好的扩展性等。

一般的多机器人仿真系统软件，从环境模型的角度看，可以分为基于二维平面环境模型的系统、基于三维立体环境模型的系统；从仿真模式和通信方式的角度看，可以分为采用单进程集中式仿真模式的系统、采用服务端和每个客户端均在独立进程中运行的分布式仿真模式的系统、采用集中式和分布式相结合的混合仿真模式的系统；从网络的角度看，可以分为基于单机的系统、基于网络（包括局域网和广域网）的系统。

URSim2D 基于二维平面环境模型，兼容集中式、分布式和混合式仿真模式。

作为一个具有一定规模的软件作品，虽然并不需要成为严格意义上的商业产品，但还是需要遵循软件架构设计的通用规范。根据软件工程标准，架构设计一般需要从用户/客户、开发人员和管理人员等多个角度考虑物理架构、逻辑架构、数据架构、开发架构和运行架构等软件架构五个视图中的某几个甚至全部。URSim2D 设计为一个过程模拟软件，不需要考虑数据持久化，因此，本书不关注数据架构。在物理架构方面，第 2.2 节内容有所覆盖。其他三个架构视图，下文将详细阐述。

2.2 系统开发选型

一般的应用类软件，设计阶段都需要考虑其开发和运行环境，包括硬件环境和软件环境。具体来说，包括软件部署的目标计算机类型、大体配置等，运行所需的操作系统、基础平台、第三方组件等，开发所需的开发工具、管理工具等。

2.2.1 硬件配置

URSim2D，在 PC 机或工作站上开发和运行，其所需硬件配置见表 2.1。

表 2.1 URSim2D 开发运行所需硬件配置

核心配件	最低配置	推荐配置
CPU	Intel P4 2.0 GHz 或同档次 AMD CPU	Intel E7300 2.66 GHz 或以上
内存	256 MB	2 GB 或以上
显卡	支持 DirectX 9.0，Pixel Shader 3.0，显存 128 M 或以上	
硬盘	10 GB	80 GB 或以上

2.2.2 软件环境

硬件配置的确定比较简便，而软件环境的确定则比较复杂。作为一款视景仿真类应用软件，涉及图形图像处理比较多，首先需要确定的是图形图像处理方案，而且要考虑二维版本向三维版本的过渡。一般说来，视景仿真图形图像处理方案有三类：一是采用基础图形图像编程库（如只适用于 Windows 平台的 GDI、DirectX、WPF，具有跨平台能力的 OpenGL 等）完全自主构建物理引擎，自主封装仿真界面呈现环境；二是利用成熟的开源或商业物理引擎，自主封装仿真界面呈现环境；三是采用封装好的开源或商业物理引擎及仿真界面呈现环境的基础仿真平台。

URSim2D，考虑采用第三种方案辅以局部定制开发，以降低开发难度。目前主流的基础仿真平台有 SimSpark、Webots、MRDS 等。

1. SimSpark

SimSpark 是 RoboCup 机器人比赛 3D 仿真赛事比赛平台的开发团队（如 1. 2. 1 节所述）为开发 Rcssserver3D 这一比赛平台而构建的基础仿真系统，自 2003 年发布以来，开发团队一直在对其进行改进和更新。

SimSpark 是一个支持各种多智能体仿真的通用 3D 仿真系统，它采用 Open Dynamic Engine（ODE）开源物理引擎进行碰撞检测和刚体动力学仿真，而 ODE 支持对物理对象的各种物理属性（如速度、惯性和摩擦力等）的精确模拟，因此基于 SimSpark 构建的仿真场景真实感很强。仿真模式方面，模拟的智能体（机器人）客户端通过 UDP 或 TCP 协议与 SimSpark 仿真服务器进行通信，因此是典型的分布式仿真系统。

SimSpark 通用平台中，服务器（Server）为核心模块，提供全部服务；仿真机器人模型（Models）模拟机器人的几何外观，仿真智能体（Agents）模拟驱动机器人的行为即仿真机器人控制器，仿真传感器（Perceptors）模拟机器人对自身和环境的感知行为，仿真执行器（Effectors）模拟机器人改变自身和环境的行为；仿真过程通过仿真更新循环（Simulation Update Loop，SUL）来执行；仿真视觉场景通过监视器（Monitor）来呈现。

SimSpark 开源免费，Soureforge 主页网址为 http://simspark. sourceforge. net，项目网址为 http://sourceforge. net/projects/simspark，可运行于 Windows 和 Linux 操作系统。但它主要是为陆地机器人仿真所构建，其基础物理引擎 ODE 对刚体建模和碰撞检测及刚体动力学仿真支持较好，但对柔体建模和碰撞检测及流体动力学仿真支持甚少。

2. Webots

Webots 是一个在教育行业使用广泛的机器人仿真器，它始于 1996 年，由瑞士联邦理工大学（Swiss Federal Institute of Technology，EPFL）奥利维尔·米歇尔（Olivier Michel）博士最初启动开发。经过 10 多年的发展，它已经成为机器人仿真领域市场占有率第一的商业产品，超过 750 个大学和研究机构正在使用它。

Webots 提供一个对移动机器人进行建模、编程和仿真的集成开发环境，最大的特色是内置了几乎所有世界知名的实体机器人仿真模型，而且这个模型库会随着机器人产业的发展而不断扩充。基于 Webots 为内置仿真机器人编写的控制程序，可以很方便地移植到相应的实体机器人中运行。也就是说，基于 Webots 编写的机器人控制器，既可用于控制 Webots 模拟出来的仿真机器人，也可以用于控制相应的实体机器人。

Webots 为闭源商业软件，提供功能受限的免费使用或全功能的 30 天免费试用，可从官方网站 http：//www. cyberbotics. com/download 下载，可运行于 Windows、Linux 和 Mac OSX 操作系统。但它也采用 ODE 进行碰撞检测和刚体动力学仿真，主要适用于陆地机器人仿真。

3. MRDS

MRDS 是微软公司为整合机器人软件开发迈出的第一步，是其机器人部门的第一个产品。MRDS 的两大核心技术——并发和协调运行时（Concurrency and Coordination Runtime，CCR）技术和分布式软件服务（Decentralized Software Services，DSS）技术，正如其名称所示，分别解决了机器人软件领域最为关键的并发和分布式问题。MRDS 除提供一个通用的机器人软件开发平台，还包括一个可视化仿真环境（Visual Simulation Environment，VSE）。VSE 本质上是一个通用的 3D 仿真器（Simulator），基于此仿真器和 MRDS 提供的基础，可以构建各种具体的机器人仿真（Simulation）实例，辅助机器人软件开发。

根据 MRDS VSE 的设计思想，在 VSE 中，所有被仿真的对象包括各种环境对象和业务对象（本书语境中为水中仿生机器人）均被定义为实体（Entity）。VSE 内置了诸多构建仿真环境所需的通用实体，如天空实体 SkyEntity、大地实体 HeightFieldEntity、光线实体 LightEntity、单形状实体 SingleShapeEntity、多形状实体 MultiShapeEntity 等和具体的机器人及传感器实体。实体间可以定义父子关系，如一个机器人实体包含四个马达时，可以使用四个马达实体作为机器人实体的子实体。所有实体间的交互接口均被定义为服务（Service），实体行为的控制也通过服务进行。MRDS 的软件开发包（Software Development Kits，SDK）提供了 SimulationEngine、Dashboard、SimulatedWebCam 等基础服务。VSE 采用的底层物理引擎为英伟达（Nvidia）公司的 PhysX，它支持柔体建模和流体动力学仿真。

MRDS 中的服务是面向服务架构（Service Oriented Architecture，SOA）在

机器人基础软件领域的一个具体实现，相关核心组件是 CCR 和 DSS。CCR 是一个处理多线程和内部任务同步的编程模型，而 DSS 则用于构建基于松耦合服务模型的应用程序。CCR 解决面向服务应用程序的异步操作、并发执行、多组件协调和失败响应等方面的问题，适用于组件内代码块通过且只通过消息交互的编程模型。DSS 解决面向服务应用程序的分布式、鲁棒性、可组合性和可观测性等问题，它以 CCR 为基础，为构建高性能、可伸缩服务程序提供一个轻量级、面向状态的服务模型；DSS 使用基于简单对象访问协议（Simple Object Access Protocol，SOAP）的分布式软件服务协议（Decentralized Software Services Protocol，DSSP）和超文本传输协议（Hypertext Transfer Protocol，HTTP）作为服务交互的基础；因此 DSS 特别适合于创建由各种服务构成的应用程序，而且这些服务可以运行于同一物理结点（计算机）或跨越网络。

MRDS 为闭源商业软件，但根据微软的机器人战略，从 MRDS 2008 R3 版开始，提供全功能版本供业界免费使用。MRDS 最新版本可从官方网站 http://www.microsoft.com/robotics 下载，历史版本均可在微软官方网站的下载中心找到。它只能运行于 Windows 操作系统，不同版本的 MRDS 对 Windows 操作系统版本的要求有所不同，但基本是较新版本的 MRDS 运行于较新版本的 Windows 操作系统，比如发布于 2010 年 5 月的 MRDS 2008 R3 推荐运行的操作系统是 Windows 7/Vista/XP，需要的 .Net Framework 版本是 3.5，而发布于 2012 年 3 月的 MRDS 4 推荐运行的操作系统就只有 Windows 7，需要的 .Net Framework 版本是 4.0。

综合比较前述三个基础仿真平台，本书研究的 2D 仿真平台选用 MRDS。原因主要有三点：一是 MRDS 采用的物理引擎支持柔体建模和流体动力学仿真，便于对水中仿生机器人尤其是机器鱼及水环境进行物理建模，便于 2D 仿真平台向 3D 仿真平台扩展；二是 MRDS 有较为便利的编程工具 Microsoft Visual Studio 支持；三是 MRDS 提供免费使用。

以 MRDS 为基础仿真平台，URSim2D 开发和运行所需的软件环境便可确定，见表 2.2。

表 2.2　URSim2D 开发运行所需软件环境

项目	开发环境	运行环境
操作系统	Windows 7/XP SP3	
MRDS	MRDS 2008 R3（集成 PhysX 组件）	
. Net	. Net Framework 3. 5	
开发工具	Microsoft Visual Studio（VS）2008	—
编程语言	C Sharp（C#）Version 3. 0	—
附件	Microsoft XNA Framework Redistributable 3. 1 Microsoft Excel 2003 Com Library（数据导出到 Excel 表格所需） Microsoft Windows Media Encoder 9（屏幕录像所需）	
管理工具	VisualSVN Server Standard Edition 2. 0. 7（SVN 版本管理服务器） TortoiseSVN 1. 6. 5（SVN 客户端） VisualSVN 1. 7. 6（VS 2008 的 SVN 插件）	—

2.3　功能规划

文献［14］提出了一般的多机器人仿真系统所应具备的几个关键功能，分别是对相关模型的构造功能、对动态过程的模拟功能、对相关算法的灵活接口、对重要数据的记录功能、对用户友好的人机接口等。

URSim2D 的主要用途是作为水中机器人比赛平台和水中机器人科研平台，要求方便扩展比赛和实验项目，方便独立编写比赛和实验项目的策略算法。根据 PKUICL 现有实体水中机器人（机器鱼）控制平台的相关特性及 MRDS 的 CCR 和 DSS 组件提供的通信机制，URSim2D 的仿真模式考虑设计成兼容集中式、半分布式（混合式）和全分布式的兼容模式。

URSim2D 包括服务端（URSim2DServer）和客户端（URSim2DClient）两大部分。其中，服务端模拟水中环境及参与比赛和实验的各种对象，控制和呈现仿真过程及结果，向客户端发送实时仿真环境和过程信息；半分布式客户端模拟水中机器人队伍；全分布式客户端模拟单个水中机器人，加载比赛或实验策略，完成决策计算过程，向服务端发送决策结果。

其中，比赛或实验策略，用于根据仿真任务的设计、实际运行中的动态状况、策略设计者设计的控制算法，进行仿真水中机器人控制决策，形成控制指令。从内容上看，策略是用于控制参与当前仿真任务的仿真水中机器人完成任务的算法代码。从形式上看，策略是可在服务端和客户端加载的动态链接库（Dynamic Link Library，DLL）文件。

URSim2DServer 所提供的主要功能见表 2.3。

表 2.3　URSim2DServer 主要功能

功能	说　明
仿真机器人建模	建立水中仿生机器人（机器鱼）物理和几何模型，模拟其外观、运动学和动力学行为
仿真环境建模	建立水环境及参与仿真的除仿生机器人以外对象的物理和几何模型，模拟水池、水、水球、方形障碍物、圆形障碍物等对象的外观、运动学和动力学行为
仿真任务建模	建立比赛或实验过程模型，抽象成仿真任务，模拟过程中的核心行为如启动、暂停、继续和重启等
动力学和运动学建模	通过实验数据建立机器鱼、水球、障碍物等动态对象的简化动力学模型，并进行运用，得到运动学模型
碰撞检测和响应	检测仿真任务中各种对象之间的碰撞并根据物理关系进行响应
仿真流程控制	控制仿真任务的运行流程（含集中式仿真的本地策略管理）
仿真过程呈现	以图形图像方式呈现仿真任务运行过程，并提供仿真任务控制人机接口，即仿真界面
其他辅助功能	系统配置管理、仿真数据显示和记录、在线策略更换、水波效果、屏幕录像等

URSim2DClient 所提供的主要功能见表 2.4。

表 2.4 URSim2DClient 主要功能

功能	说　明
仿真策略管理	加载、执行仿真策略代码
仿真过程呈现	以文字方式呈现仿真任务运行过程，并提供仿真策略管理人机对话接口

2.4 架构设计

2.4.1 逻辑架构

逻辑架构主要关注系统功能，着重考虑系统的功能需求。根据第 2.3 节中规划的系统功能，URSim2D 的逻辑架构可用整体结构（如图 2.1）和功能结构（如图 2.2）两张图来简要表示。

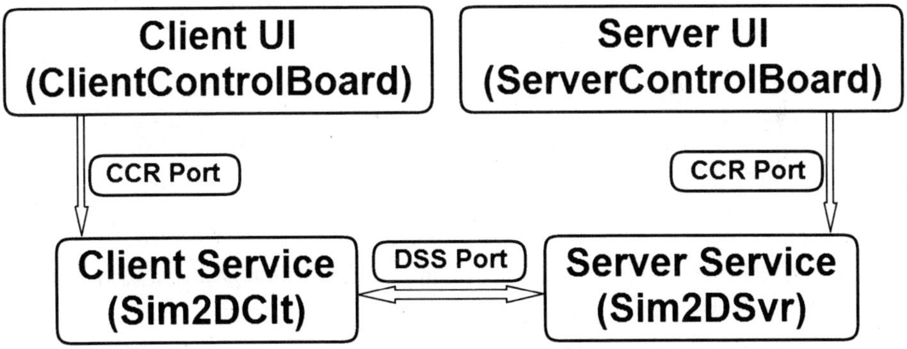

图 2.1 URSim2D 整体结构示意图

URSim2D 整体结构图中，右半部分是服务端，左半部分是客户端。服务端服务（Server Service，Sim2DSvr）是服务端提供的 DSS 服务，主要负责仿真流程控制，是系统的核心部分；服务端界面（Server UI，ServerControlBoard）

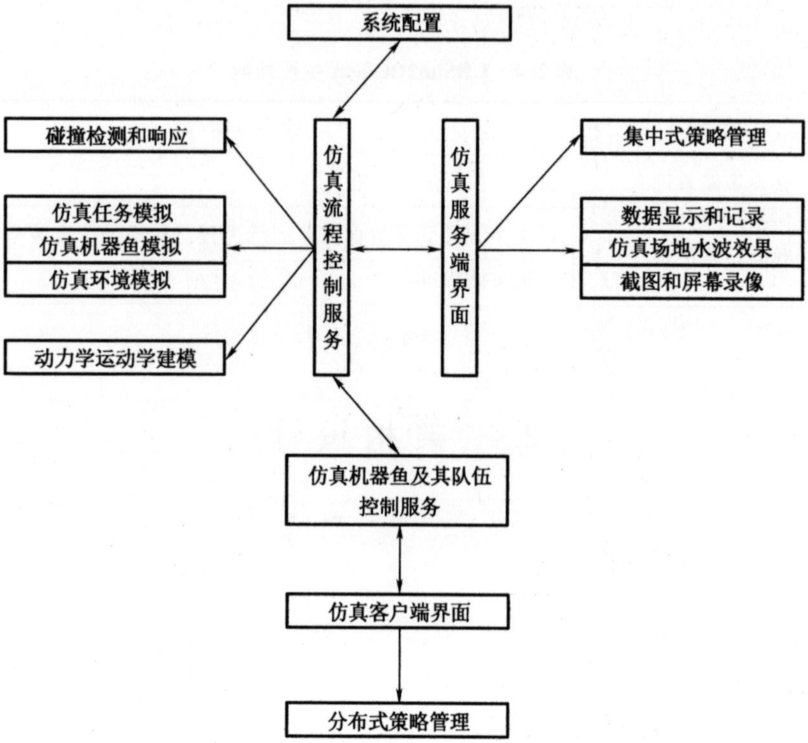

图 2.2　URSim2D 功能结构框图

则是服务端提供的人机接口，主要负责仿真过程呈现、人机交互并提供各种辅助功能（如仿真数据实时显示和记录、仿真场景截图和录像等）接口；ServerControlBoard 向 Sim2DSvr 通过 CCR 端口进行通信；用户通过服务端界面对各种仿真任务的操作，以命令的方式，通过 CCR 通信机制传递给服务端服务，由服务控制执行。客户端服务（Client Service，Sim2DClt）是客户端提供的 DSS 服务，主要负责全分布式仿真模式下单个仿真机器人或半分布式模式下多个仿真机器人所构成队伍的控制策略管理；客户端界面（Client UI，ClientControlBoard）则是客户端提供的人机接口，主要负责以文字方式展现服务端仿真任务运行过程中发送给客户端的状态信息；ClientControlBoard 向 Sim2DClt 通过 CCR 端口进行通信；用户通过客户端界面对仿真策略进行的操作，以命令的方式，通过 CCR 通信机制传递给客户端服务，由服务控制执行。

客户端主要包括机器鱼策略模块。策略模块主要功能是根据环境信息，包括比赛项目类型、比赛进行阶段、比赛场地信息、己方所在半场、己方机器鱼位姿、对方机器鱼位姿、水球位姿信息，以及场地障碍物、通道等信息，重建仿真比赛场景，并根据目标任务制定合适的机器鱼运动策略和命令指令，发送给服务器端执行。

服务器端主要包括核心控制模块、公共接口模块、环境设置模块、仿真数据显示模块、辅助功能模块和机器鱼动力学建模模块。如图 2. 3 所示。

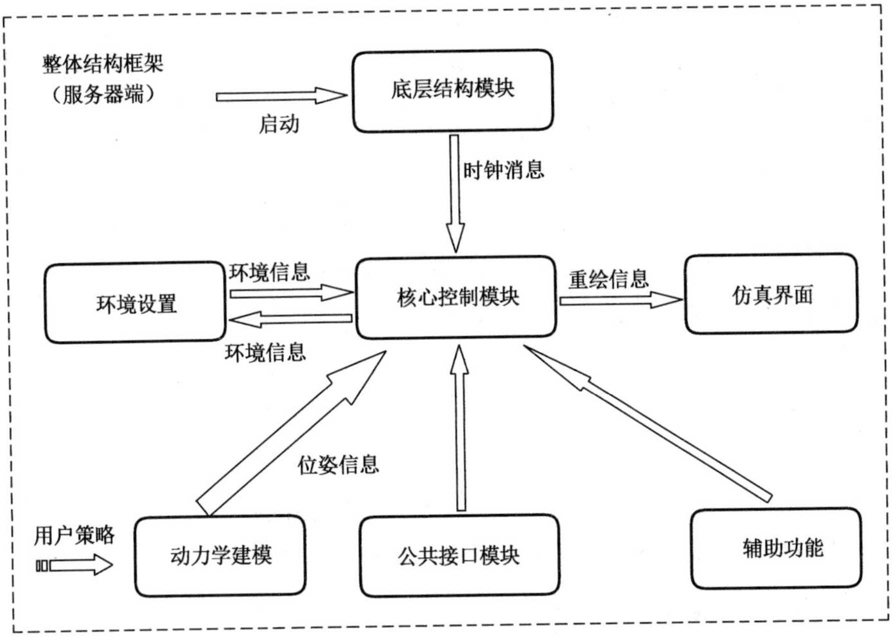

图 2. 3　服务器端结构框架图

底层结构模块包括主服务模块、系统启动引导模块、消息订阅管理器控制、系统仲裁器控制、系统时钟及多线程控制等。

公共接口模块部分包括仿真比赛所需数据结构定义、公共接口定义、数据结构初始化等功能。公共接口模块可以供客户端、服务器端使用，同时可以供第三方使用并扩展。

环境设置模块用于构建机器鱼水球比赛仿真环境，定义比赛状态控制所需要的环境量等信息。

核心控制部分对比赛进程、比赛状态进行实时仿真控制，并对机器鱼与仿真环境中障碍物和通道的碰撞进行处理，处理的结果通过仿真数据显示模块在终端显示。主要内容包括客户端控制模块、服务器端动力学建模、碰撞处理、裁判控制系统。

仿真系统人机交互部分相对于比赛控制部分裁判自动控制功能，包括系统环境信息设置、系统控制界面、仿真比赛辅助功能等。

2.4.2 开发架构

开发架构主要关注系统开发过程的指导，着重考虑项目实施方式、所需第三方软硬件支持等。根据第2.2节所作的软硬件选型，URSim2D采用 Microsoft Visual Studio（VS）2008 Team Suite/Professional with SP1 集成开发环境，C#编程语言进行开发。

URSim2D 由一个名为 URSim2D. sln 的 VS2008 C#解决方案（Solution）生成，该 Solution 包含至少 10 个（可根据需要扩展到更多）项目（Project），每个 Project 即为一个逻辑组件，组件和 Project 名称相同。由依赖关系决定的生成次序见表2.5。所有 Project 均使用名为 URSim2D. snk 的密钥文件进行签名以生成具有强名称的程序集（Assembly）。

表 2.5　URSim2D 自有组件

组件(Project)	对应的文件	描述	依赖的组件
Core	URSim2D. Core. dll	动力学和运动学计算模块；随机扰动模块；碰撞响应模块	无
Common	URSim2D. Common. dll、config. xml	仿真机器鱼模型；仿真环境（场地/水球/障碍物/通道等）模型；仿真任务模型；碰撞检测模块；系统配置模块；辅助函数模块	Core
Match	URSim2D. Match. dll	仿真任务具体实现模块（添加比赛和实验项目的地方）	Core、Common

表 2.5(续)

StrategyLoader	URSim2D. StrategyLoader. dll	实现策略动态加载的辅助模块	Common
Gadget	URSim2D. Gadget. dll	绘制轨迹,显示和记录实时信息等辅助功能模块	无
Screencast	URSim2D. Screencast. exe	屏幕录像模块	无
Sim2DSvr	Sim2DSvr. manifest. xml、URSim2D. Sim2DSvr. Y2010. M11. dll、URSim2D. Sim2DSvr. Y2010. M11. Proxy. dll、URSim2D. Sim2DSvr. Y2010. M11. Transform. dll	服务端 DSS 服务和界面模块	Common、Match、StrategyLoader、Gadget
Sim2DClt	Sim2DClt. manifest. xml、URSim2D. Sim2DClt. Y2010. M11. dll、URSim2D. Sim2DClt. Y2010. M11. Proxy. dll、URSim2D. Sim2DClt. Y2010. M11. Transform. dll	客户端 DSS 服务和界面模块	Common、Sim2DSvr、StrategyLoader
ConductorSvr	URSim2DServer. exe	服务端启动引导程序	Sim2DSvr
ConductorClt	URSim2DClient. exe	客户端启动引导程序	Sim2DClt

除自有组件和 . Net Framework 以外，开发和运行 URSim2D 还需要用到 MRDS、AGEIA PhysX、XNA Framework、WMEncoder9、Excel 2003 Com Library 等第三方组件，见表 2. 6。

URSim2D Solution 目录（Solution Directory）名称任意，默认为 URSim2D。Solution 中包含 10 个 Project，所有 Project 目录平行位于 Solution 目录下。Solution 目录中除各 Project 目录外，还有两个目录 URSim2D 和 Strategy，分别为输出目录和策略目录。

URSim2D 软件在部署方面的设计目标是全绿色，不写注册表，不往系统目录拷贝文件。所有要用到的第三方组件，尽量全部置于程序运行目录下，实现即拷即用。输出目录 URSim2D 下设一级子目录 bin 作为程序运行目录。bin 目录名称不能改变，这与 MRDS DSS 服务的运行机制有关，DSS 服务组件都是生成为 DLL 文件的形式，默认的部署方法是部署在 MRDS 的安装目录下的 bin 子目录中，通过 bin 目录下的 DssHost. exe 启动，启动时 DssHost. exe 会自动在 bin 目录的上级目录中寻找名为 store 的目录，以查询服务相关的 Cache 信息，没找到则自动新建该目录。所以输出目录 URSim2D 下至少有个 bin 子目录。

表 2.6　URSim2D 所需第三方组件

组件	说明
MRDS 2008 R3	不需完整安装。必需的文件有：Microsoft. Ccr. Adapters. IO. dll、Microsoft. Ccr. Adapters. WinForms. dll、Microsoft. Ccr. Adapters. Wpf. dll、Microsoft. Ccr. Core. dll、Microsoft. Dss. Base. dll、Microsoft. Dss. Environment. dll、Microsoft. Dss. Runtime. dll、Microsoft. Dss. Runtime. proxy. dll、Microsoft. Dss. Runtime. transform. dll、Microsoft. Dss. Tools. dll 等 10 个 CCR&DSS 运行库文件；RoboticsCommon. dll、RoboticsCommon. proxy. dll、RoboticsCommon. transform. dll、SimulationCommon. dll、SimulationCommon. proxy. dll、SimulationCommon. transform. dll、SimulationEngine. dll、SimulationEngine. proxy. dll、SimulationEngine. transform. dll、Interop. D3D. dll、SQMHelper. dll 等 11 个 MRDS 相关文件；DssHost. exe、DssHost32. exe、DssProxy. exe 等 3 个 DSS 服务编译运行所需文件。所有文件版本号 2. 2. 76. 0。MRDS 完整安装后 bin 目录下的其他文件，URSim2D 用不上；扩展到三维版本时，可能需要用到另外一些文件，也只需直接引用即可，不需安装
AGEIA PhysX	不需要完整安装。必需的文件有：NxCooking. dl、PhysXLoader. dlll、PhysicsEngine. dll 等 3 个，版本号 2. 8. 1. 4
XNA Framework	需要完整的默认安装。可从微软官方网站下载安装文件 xnafx31_redist. msi
WMEncoder9	需要完整的默认安装。可从微软官方网站下载安装文件 WMEncoder. exe 和 windowsmedia9 - kb929182 - intl. exe（Winows 7/Vista 需要，XP 不需要）
Excel 2003 Com Library	不需要完整安装。必需的文件有：office. dll、Interop. VBIDE. dll、Interop. Microsoft. Office. Core. dll、Interop. Excel. dll，都来源于 MS Office 2003 即 Office11 安装包

所有 Project 的输出目录均设置为“..\URSim2D\bin”，不需要完整安装的第三方组件也置于该目录下。所有 Project 引用的程序集(这里全是指单个 DLL 文件)的 Copy Local 属性均被设为 False。于是各 Project 引用的程序集的路径目录部分就全部固定为相对目录“..\URSim2D\bin”，无论如何生成新版本,引用都能得到及时更新。Sim2DSvr 和 Sim2DClt 这两个 DSS Service 类型的 Project 需要设置“生成后事件命令行”:

"$(TargetDir)dssproxy.exe"/dll:"$(TargetPath)"/proxyprojectpath:"$(ProjectDir)Proxy"/keyfile:"..\..\URSim2D.snk"$(ProxyDelaySign)$(CompactFrameworkProxyGen)/binpath:"."/referencepath:"$(TargetDir)"/referencepath:"$(TargetDir)"。

策略目录 Strategy 是策略解决方案（Strategy Solution）所在目录。Strategy Solution 提供了大部分仿真任务的策略模板。编写仿真比赛或自编实验项目策略，可直接在 Strategy Solution 中使用已有项目的策略 Project 或添加新的策略 Project。

2.4.3　运行架构

URSim2D 软件提供 Local 和 Remote 两种运行模式。

Local 模式对应集中式仿真模式，主要供比赛选手或实验人员用于粗略调试比赛或实验策略。该模式只需要启动一个服务端 URSim2DServer.exe 进程。策略组件（DLL 文件）直接在服务端加载，所有策略计算过程和服务端仿真循环过程共享同一进程空间。

Remote 模式对应半分布式或全分布式仿真模式，用于实际比赛或实验验证。策略用于控制单个仿真水中机器人时为全分布式仿真，而策略用于控制单个或多个仿真水中机器人所组成的队伍时为半分布式仿真。目前应用的主要是半分布式模式。该模式需要启动一个服务端进程和若干个客户端 URSim2DClient.exe 进程，客户端进程数量和当前选中仿真任务参与队伍数量一致，如对抗性 1VS1 比赛项目，参与队伍数量为 2，需要启动 2 个客户端进程。这些客户端进程可以各自运行于独立的计算机；可以全部运行于一台计算机；也可以和服务端进程运行于同一台计算机。无论采用哪种拓扑结构，所有参与队伍的策略计算过程均在各自独立的客户端进程空间中运行。

若 URSim2DClient.exe 进程与 URSim2DServer.exe 进程处于不同计算机，则

运行 URSim2DClient. exe 进程计算机上的. . \URSim2D\bin\Sim2DClt. manifest. xml 文件中的 <dssp:Service>http://localhost:50000/Sim2DSvr</dssp:Service>配置节，localhost 需要修改成 URSim2DServer. exe 进程所在计算机的 IP 或主机名（注意，不同主机不能同名，否则客户端连上服务端后，服务端心跳线程一启动，客户端就会掉线，服务端会弹出提示）。

2. 5 系统比赛控制模块设计

系统比赛控制模块主要内容包括公共模块、客户端控制模块和服务器端控制部分。

1. 公共模块

公共接口模块部分包括仿真系统所需数据结构定义、公共接口定义、数据结构初始化等。公共接口模块供客户端、服务器端使用，同时可以为第三方使用并扩展。本书将在第 3 章进行详细介绍。

2. 客户端控制模块

客户端策略模块主要功能是根据环境信息，重建仿真比赛场景，并根据目标任务制定合适的机器鱼运动策略和命令指令，发送给服务器端执行，如图 2. 4 所示。

该仿真系统设计了两种客户端策略方式：局域网远程通信方式、本地 DLL 调用方式。

3. 服务器端控制模块

服务器端比赛控制部分，包括机器鱼动力学建模、碰撞处理模块、裁判/规则控制模块以及比例转换模块，模块设计框架如图 2. 5 所示。

核心控制模块由系统时钟消息所驱动，根据机器鱼运动学建模得到的机器鱼位姿，进行扰动仿真处理、碰撞仿真处理后，进一步得到下一时刻机器鱼、水球位姿信息，然后由裁判/规则模块对机器鱼水球仿真比赛状态进行控制处理，处理结果经过比例转换输出到仿真数据显示界面，并对仿真系统比赛环境进行更新。

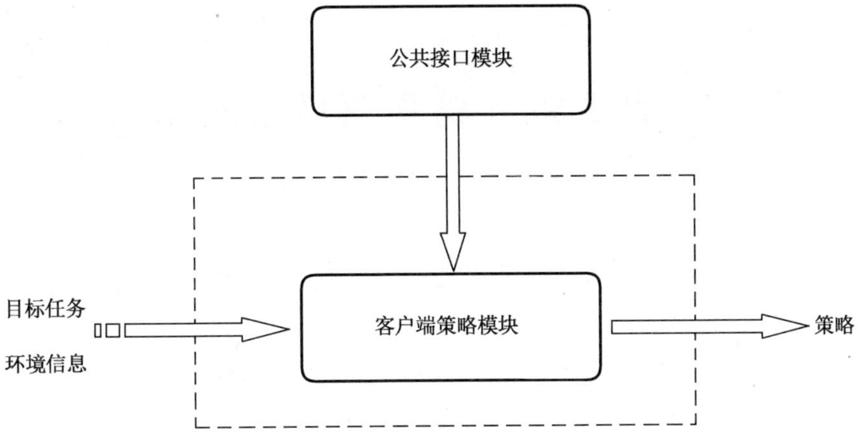

图 2.4　客户端模块框图

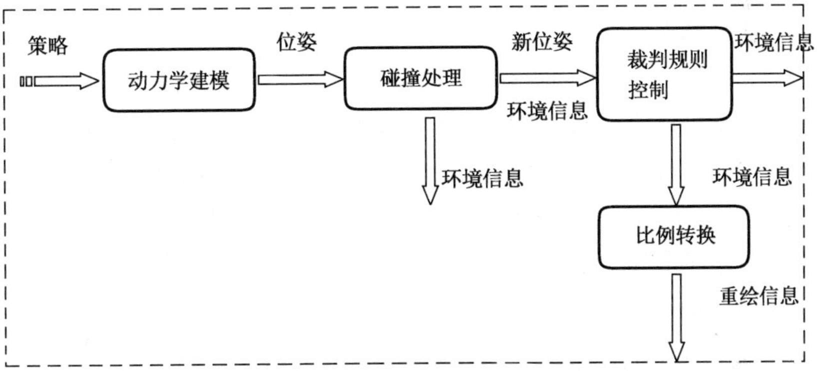

图 2.5　服务器端比赛控制部分设计框图

思考与练习题

1. 系统开发选型过程需要考虑哪些内容?
2. URSim2D 仿真系统的两种运行模式是什么? 对各模式进行说明。

第 3 章　仿真系统实现

3.1　引　言

本书探讨 URSim2D 软件实现相关问题，但不是软件工程意义上的软件实现。软件工程意义上的软件实现，通常是指从软件生命周期中的从编码到测试的一系列过程。而本书主要阐述 URSim2D 设计实现过程中若干问题的解决方案。

这些解决方案中需要用到的专有名词如下。

（1）Simulation Mission：Mission，仿真任务，即仿真比赛或实验项目，模拟水中仿生机器人（机器鱼）比赛或实验项目的对象。

（2）Simulation Environment：SimEnvironment，仿真环境，仿真任务运行所处的虚拟环境，其中包括仿真场地（模拟比赛或实验用水池的对象）、零个或多个仿真水球（模拟比赛或实验用水球的对象）、零个或多个仿真方形障碍物（模拟比赛或实验用方形障碍物的对象）、零个或多个仿真圆形障碍物（模拟比赛或实验用圆形障碍物的对象）。

（3）Simulation RoboFish：RoboFish，仿真机器鱼，模拟比赛或实验用仿生水中机器人（机器鱼）的对象。

（4）Simulation Loop：仿真循环，仿真任务运行过程中所有仿真动作顺序执行一遍的过程。

（5）Simulation Cycle：仿真周期，理论上考虑为比单个仿真循环所耗时间（与运行软硬件环境有关，不能精确确定，在相同环境下，每次运行也不精确相同）预估最大值稍大的确定时间间隔（如 100 ms）。当前平台仿真循环在推荐的硬件配置（见 2.2.1）下所耗时间大约在 10 ~ 20 ms 之间，为简化线程同步，在仿真任务的公共参数类中设置了一个成员 MsPerCycle，保存一个初始化仿真任务时传入的整数值，称为“每周期毫秒数”，实际运行时的仿真周期值不确定，为 MsPerCycle 值加上当前周期仿真循环所耗时间，通常 MsPerCycle 都取 100 ms，仿真周期值大约在 110 ~ 120 ms 之间。仿真任务倒计时以根据

MsPerCycle 计算出来的总周期数递减的方式进行，故服务端界面上显示的倒计时牌并不是按精确的世界时间递减。

（6）Simulation Action：仿真动作，包括将策略计算出来的决策命令拷贝到每支队伍每条仿真机器鱼对象本身的决策字段（后续计算都是直接使用仿真机器鱼对象自身的决策命令）、对所有动态对象（目前包括每支队伍的所有仿真机器鱼、仿真环境中仿真水球列表的所有仿真水球）进行运动学计算、对所有对象（包括每支队伍的所有仿真机器鱼、仿真环境中的所有对象）进行相互碰撞处理（包括碰撞检测和碰撞响应）。

3.2　以仿真任务为中心的对象模型

URSim2D 采用面向对象的模型构建方法，为其基础模块构建了一个以仿真任务为中心的模型结构，如图 3.1 所示。

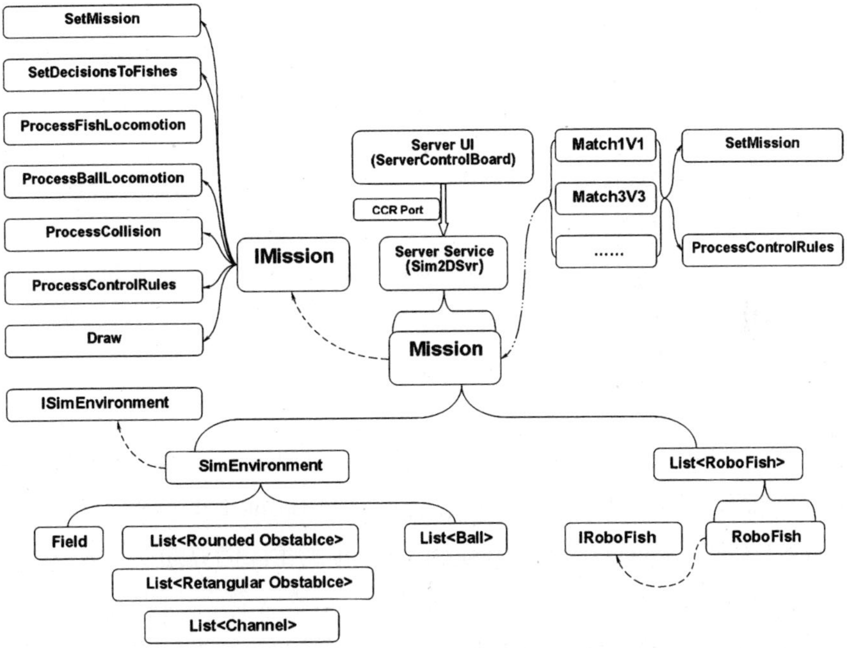

图 3.1　URSim2D 基础模型结构框图

从对象建模的角度看，该模型包括仿真机器鱼、仿真环境和仿真任务

(比赛或实验项目）三类模型，以仿真任务模型为中心。仿真任务包括仿真机器鱼队伍列表和仿真环境。三类模型各包括一个顶层模型分别为仿真机器鱼基类 RoboFish、仿真环境基类 SimEnvironment 和仿真任务基类 Mission。类 RoboFish 定义了各种具体仿真任务所需仿真机器鱼的公共特性（用类的属性表示）和公共行为（用类的方法表示)。类 SimEnvironment 定义了各种具体仿真任务所需仿真环境的公共特性（仿真环境不需要定义行为)。类 Mission 定义了各种具体仿真任务的公共特性和公共行为。

仿真机器鱼和仿真环境的公共行为很少或不需要定义，仿真任务的公共行为很多。故基类 RoboFish 和 SimEnvironment 虽然从形式上实现了 IRoboFish 和 ISimEnvironment 接口，但这两个接口没有定义任何方法；而基类 Mission 实现了 IMission 接口，该接口定义了诸多方法。部分方法在基类 Mission 中提供具体实现，另一部分方法则在基类 Mission 中只提供虚函数实现，由具体仿真任务类提供重载（Override）的具体实现。

定义了一个泛型类 Team < TFish > 用于将仿真机器鱼组成队伍。该类有一个 TFish 类型的列表（List < TFish >）成员 Fishes，保存一支队伍的全部仿真机器鱼对象；有一个队伍公共参数（TeamCommonPara）类型的成员 Para，保存一支队伍的各项特性参数，如队伍名称、仿真机器鱼数量、当前得分等。

仿真环境包括仿真场地、仿真水球、仿真障碍物和仿真通道等元素。仿真环境基类 SimEnvironment 有一个仿真场地 Field 类型的成员 FieldInfo，保存仿真场地对象；有一个仿真水球 Ball 类型的列表（List < Ball >）成员 Balls，保存当前仿真环境中的全部仿真水球对象；有一个仿真圆形障碍物 RoundedObstacle 类型的列表（List < RoundedObstacle >）成员 ObstaclesRound，保存当前仿真环境中的全部仿真圆形障碍物对象；有一个仿真方形障碍物 RectangularObstacle 类型的列表（List < RectangularObstacle >）成员 ObstaclesRect，保存当前仿真环境中的全部仿真方形障碍物对象；有一个仿真通道 Channel 类型的列表（List < Channel >）成员 Channels，保存当前仿真环境中的全部仿真通道对象（后期实现时，考虑仿真通道没有实际使用过，要用也可以由两个平行摆放的仿真矩形障碍物构成，因此废弃掉仿真通道的概念)。

仿真任务基类 Mission 有一个仿真机器鱼基类 RoboFish 组成的队伍列表(List < Team < RoboFish > >)成员 TeamsRef；有一个仿真环境基类 SimEnvironment 类型的成员 EnvRef；有一个仿真任务公共参数 MissionCommonPara 类型的成员

CommonPara。

具体仿真任务类（如 3VS3 比赛项目的仿真任务类 Match3V3）继承基类 Mission，相应的具体仿真机器鱼类（如 Fish3V3）继承基类 RoboFish，具体仿真环境类（如 Environment3V3）继承基类 SimEnvironment。

URSim2D 基础模块实现为程序集 URSim2D. Common. dll，该程序集提供一个命名空间（Namespace），名称也为 URSim2D. Common。该命名空间下的各种类和接口是第 2. 3 节所规划的建模功能的直接基础，也是整个 URSim2D 系统的间接基础，如图 3. 2 所示。

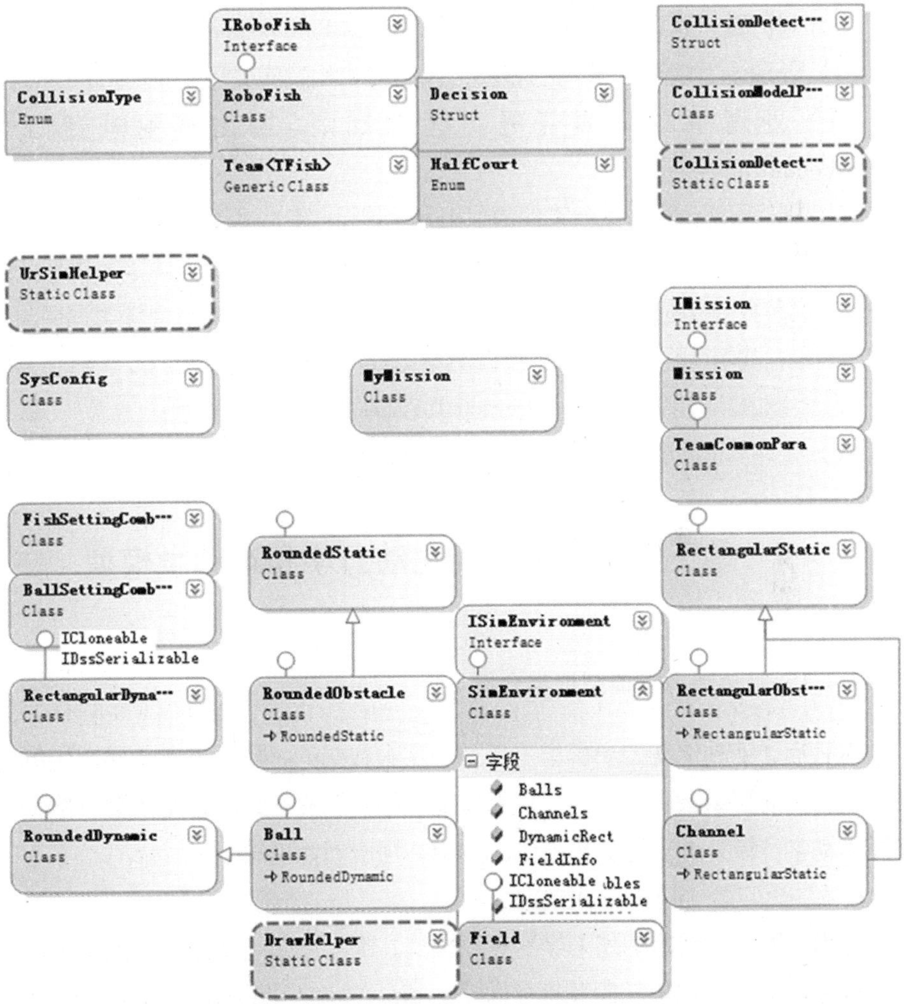

图 3. 2　URSim2D. Common 中的类和接口框图

3.3 以仿真循环为主线的运行流程

仿真任务启动运行后，仿真循环将周期性地持续进行，直到设定的仿真时间耗完、“人为/程序”决定“暂停/停止”。

仿真循环将所有仿真动作执行一遍，包括如下步骤：

（1）分配决策值 SetDecisionsToFishes；

（2）对仿真机器鱼运动学参数进行计算 ProcessFishLocomotion；

（3）对仿真水球运动学参数进行计算 ProcessBallLocomotion；

（4）处理场上所有对象间的碰撞，包括检测和响应碰撞 ProcessCollision；

（5）处理当前仿真任务特有的规则，如比赛犯规计分等 ProcessControlRules；

（6）处理策略调用，区分本地调用和远程调用；本地调用 GetLocalDecision 直接进行计算，远程调用 SpawnIterator（MissionParaNotification），实质是将最新的仿真任务各项参数构成的对象通过网络发送给客户端，客户端服务收到该类消息时接收参数对象，调用策略进行计算；计算结果或直接填入或通过网络发送给服务器端，由服务器端响应事件填入 SetDecisionsToFishes 所能访问的数组；

（7）处理界面动态数据更新 ProcessUiUpdating。

3.4 基于实验数据的简化动力学和运动学模型

3.4.1 简化动力学模型框架介绍

本节描述的简化动力学模型是指基于实验数据的，且不考虑碰撞发生的动力学模型。而且单指应用于仿真机器鱼的模型，仿真水球和动态障碍物的动力学和运动学计算处理较仿真机器鱼的简单，可以参照处理。

1. 简化动力学模型输入和输出

为模拟实体机器鱼的动力学与控制模式，简化动力学模型的输入（控制指令）必须和实体机器鱼的控制指令保持一致。

实体机器鱼控制指令有两个：速度挡位（vCode）和转弯挡位（tCode）。

速度挡位取值范围是{0,1,…,14}共15个整数值，其中0表示静止，14表示最快速度。转弯挡位取值范围是{0,1,…,14}共15个整数值，其中7表示没有转弯保持直游；0~6表示左转，数值越小，转弯半径越小；8~14表示右转，数值越大，转弯半径越小。（注：以后将加入倒退游动模式，可能有负值或其他数值）

实体机器鱼运动控制原理：机器鱼本体单片机程序接收到一个速度挡位指令和一个转弯挡位指令后，会相应产生一组舵机的控制参数，具体包括：

（1）舵机1的频率、摆幅、相位偏置角；

（2）舵机2的频率、摆幅、相位偏置角；

（3）舵机3的频率、摆幅、相位偏置角；

（4）舵机2相对舵机1的相位滞后角；

（5）舵机3相对舵机1的相位滞后角。

然后将这一组数据送给舵机驱动程序，由舵机驱动程序根据这些参数输出控制信号，控制舵机的转动特性，表现为机器鱼尾部合理的摆动，从而产生推进力。当相位偏置角为零度时，机器鱼表现为直线运动；当相位偏置角不为零度时，机器鱼表现为转弯运动。

机器鱼具体实现情况是：速度挡位对应于频率，转弯挡位对应于相位偏置角。

每当给机器鱼发送控制指令之后，机器鱼经过一段时间会进入一种稳定的运动状态，表现为直线游动或者圆周运动，那么机器鱼的运动就可以由两个输出变量表征：速度值（Velocity）和角速度值（AngularVelocity）。

2. 简化动力学模型实质

简化动力学模型的实质是输入指令和输出的映射关系，即给出每一组速度挡位和转弯挡位下机器鱼的速度和角速度。

获取方式：我们用实体机器鱼做实验，通过视频和图像处理，计算出不同输入下的输出。保存为两张数据表格。

这两张表可以使用.Net Framework提供的键值对数据类型System.Collections.Generic.Dictionary <int, float>来实现，也可以使用数组实现。考虑挡位值是从0开始的连续整数值，这里使用效率较高的数组实现。C#伪代码如下：

//dVCodeAndVelocityTable[0]到dVCodeAndVelocityTable[14]依次为0~14挡的速度值(毫米每秒mm/s),具体数据通过实验获取

double dVCodeAndVelocityTable = new double[15];

// dTCodeAndAngularVelocityTable [0] 到 dTCodeAndAngularVelocityTable [14]依次为 0 ~ 14 挡的角速度值(弧度每秒 rad/s),具体数据通过实验获取

double dTCodeAndAngularVelocityTable = new double[15];

3.4.2 简化动力学模型应用概述

1. 名词解释

仿真周期：仿真周期（iCycleMs，单位毫秒 ms）是仿真软件服务器端 URSim2DServer 设定的，调用用户编写的高层控制策略，进行动力学、运动学计算，更新仿真软件界面显示的周期。详细解释见第 3.1 节。

连续仿真周期之间的相对称呼：上一（仿真）周期、当前（仿真）周期、下一（仿真）周期。

与运动学计算相关的仿真机器鱼参数(下文称为运动参数):绘图中心坐标(iPosXMm, iPosZMm, 单位毫米 mm)、鱼体头尾轴方向(简称鱼体方向)(dBodyDirectionRad, 单位弧度 rad, 范围 0 ~ 2π)、速度值(dVelocityMmPs, 单位毫米每秒 mm/s)、速度方向(直游时与鱼体方向一致)(dVelocityDirectionRad, 单位弧度 rad, 范围 0 ~ 2π)、角速度值(dAngularVelocityRadPs, 单位弧度每秒 rad/s)。其中绘图中心坐标和鱼体方向统称为位姿。另外, 考虑编程方便, 可以将速度挡位值(iVCode, 无量纲, 0 ~ 14 共 15 个整数值之一)、转弯挡位值(iTCode, 无量纲, 0 ~ 14 共 15 个整数值之一)也作为运动参数记录下来。

为方便计算过程的设计，运动参数在每个周期更新前均记录一个当前值的备份称为前一周期参数值，这些参数变量依次命名为 iPrePosXMm，iPrePosZMm，dPreBodyDirectionRad，dPreVelocityMmPs，dPreVelocityDirectionRad，dPreAngularVelocityRadPs，iPreVCode，iPreTCode。其单位和取值范围均与相应的运动参数变量相同。

每个仿真周期的运算过程，如果涉及运动参数的更新，则可将更新前参数变量的值称为上一周期的值而更新后参数变量的值称为当前周期的值；也可将更新前参数变量的值称为当前周期的值而更新后参数变量的值称为下一周期的值。本书采用后一种描述方法。

2. 应用背景

在实体机器鱼平台上，高层控制策略运算完毕后，发下 vCode 和 tCode，

驱动电机转动，鱼就能在水池中游动起来，这是一个自然的过程。而仿真软件环境中，“游动起来”的效果不是一个自然的过程，需要程序在每个仿真周期中根据当前周期的运动参数值，计算出下一周期的位姿重新绘制仿真机器鱼，并更新当前周期的运动参数值供下一周期计算位姿用，这样多个离散周期的连续重绘便会产生视觉上“游动起来”的效果。

3. 应用目标

每个仿真周期策略计算完毕发出 vCode 和 tCode 指令后，根据简化动力学模型得到相应的目标速度值和目标角速度值。再通过运动学模型计算，对计算结果进行碰撞检测和响应后，更新仿真机器鱼各项参数数据，实现仿真机器鱼在屏幕上的重绘。

3.4.3 简化动力学模型应用过程暨运动学模型

由仿真机器鱼运动参数当前仿真周期的数据（若为刚启动计算的第一个周期，则这些参数值均为初始化好的默认值），结合动力学模型由目标速度挡位值（iDestVCode）、目标转弯挡位值（iDestTCode）得到的目标速度值（dVCodeAndVelocityTable [iDestVCode]）、目标角速度值（dTCodeAndAngularVelocityTable [iDestTCode]），计算出理想无碰撞情况下仿真机器鱼运动参数下一周期的数据。

1. 位姿相关计算

由仿真机器鱼运动参数当前周期的数据，计算理想无碰撞情况下下一周期的绘图中心坐标、鱼体方向。C#伪代码如下：

```
// 保存绘图中心坐标、鱼体方向当前值的副本
iPrePosXMm = iPosXMm;
iPrePosZMm = iPosZMm;
dPreBodyDirectionRad = dBodyDirectionRad;
// 更新绘图中心坐标、鱼体方向的值
dCycleS = iCycleMs/1000; //以秒(s)为单位的仿真周期值
// X 方向坐标增加(可为负值)当前速度值 X 方向分量与周期的乘积四舍五入的结果
iPosXMm += (int) (dVelocityMmPs * dCycleS * Cos (dVelocityDirectionRad) + 0.5);
```

// Z 方向坐标增加(可为负值),当前速度值 Z 方向分量与周期的乘积四舍五入的结果

iPosZMm += (int)(dVelocityMmPs * dCycleS * Sin (dVelocityDirectionRad) + 0.5);

// 鱼体方向增加当前角速度值与周期的乘积

// 此时角速度值尚未叠加转弯挡位切换导致的角速度值增量,体现了鱼体方向变化滞后于速度方向变化的情况

dBodyDirectionRad += dAngularVelocityRadPs * dCycleS;

if (dBodyDirectionRad >= 2 * PI) dBodyDirectionRad -=2 * PI;

2. 速度相关计算

(1) 两个假设

①假设机器鱼在水池中直游(Forward)/转弯(Swerving)时从静止到任一直游/转弯挡位值(Code)对应的稳态速度(Velocity)/角速度(AngularVelocity)的过程是个匀加速过程。通过实验可以测得任一挡位 c 的稳态速度 V_c/角速度 W_c,从静止加速到稳态速度/角速度所需的时间 T_c^u,于是加速度值 $a_c^u = V_c/T_c^u$,角加速度值 $\alpha_c^u = W_c/T_c^u$。

②假设机器鱼在水池中直游(Forward)/转弯(Swerving)时从最大稳态速度(直游 15 挡对应的稳态速度)/角速度(转弯 -7 或 7 挡对应的角速度)到任一其他直游/转弯挡位值(Code)对应的稳态速度/角速度的过程是个匀减速过程。通过实验可以测得从最大稳态速度(V_m)/角速度(W_m)减速到任一挡位 c 的稳态速度 V_c/角速度 W_c 所需的时间 T_c^d,于是加速度值 $a_c^d = (V_m - V_c)/T_c^d$,角加速度值 $\alpha_c^d = (W_m - W_c)/T_c^d$。

(2) 计算过程

第 k 个仿真周期,上层策略发下直游挡位值 $c_f(k)$/转弯挡位值 $c_s(k)$后,经过动力学和运动学计算、碰撞检测和响应计算,仿真机器鱼的速度值 $V(k)$,角速度值 $W(k)$均为已知,则第 $k+1$ 个仿真周期,上层策略发下直游挡位值 $c_f(k+1)$/转弯挡位值 $c_s(k+1)$后相应量的计算公式如下。

$$V(k+1)=\begin{cases} V(k)+(V_{c_f(k+1)}-V(k)), & V(k)\geqslant(V_{c_f(k+1)}-a^u_{c_f(k+1)}T)\ \text{or}\ V(k)\leqslant(V_{c_f(k+1)}+a^d_{c_f(k+1)}T) \\ V(k)+a^u_{c_f(k+1)}T, & V(k)<(V_{c_f(k+1)}-a^u_{c_f(k+1)}T) \\ V(k)+a^d_{c_f(k+1)}T, & V(k)>(V_{c_f(k+1)}+a^d_{c_f(k+1)}T) \end{cases}$$

$$W(k+1)=\begin{cases}W(k)+(W_{c_s(k+1)}-W(k)) & W(k)\geqslant(W_{c_s(k+1)}-\alpha^u_{c_s(k+1)}T)\text{ or }W(k)\leqslant(W_{c_s(k+1)}+\alpha^d_{c_s(k+1)}T)\\ W(k)+\alpha^u_{c_s(k+1)}T, & W(k)<(W_{c_s(k+1)}-\alpha^u_{c_s(k+1)}T)\\ W(k)+\alpha^d_{c_s(k+1)}T, & W(k)>(W_{c_s(k+1)}+\alpha^d_{c_s(k+1)}T)\end{cases}$$

$$D(k+1)=\begin{cases}D(k)+W(k)T, & W(k)<W(k+1)\\ D(k)-W(k)T, & W(k)>W(k+1)\end{cases}$$

思考与练习题

1. URSim2D 仿真系统采用了哪种模型构建方法，为其基础模块构建了一个以仿真任务为中心的模型结构?

2. 机器鱼控制指令有哪两个？并进行具体说明。

第 4 章　碰撞检测和响应

4.1 引　言

仿真任务中的动态对象包括仿真机器鱼、仿真水球，静态对象包括仿真场地边界、仿真静态圆形障碍物、仿真静态方形障碍物。在碰撞处理（包括检测和响应）ProcessCollision 过程中，循环检测每个仿真机器鱼队伍列表中全部仿真机器鱼对象和其他各种对象（包括除自身以外的仿真机器鱼对象、全部仿真水球对象、全部仿真场地边界、全部仿真静态圆形障碍物、全部仿真静态方形障碍物等）之间的碰撞；循环检测仿真水球等其他动态对象和所有静态对象之间的碰撞；检测到碰撞则进行碰撞响应计算，更新参与碰撞对象的运动学状态（位姿、速度、角速度），然后继续检测，直到所有对象间均检测过碰撞。

由于两个仿真机器鱼之间碰撞检测和响应在任意两个对象间的碰撞处理问题中最为复杂，其他对象间的碰撞检测和响应是其简化版本，在此只探讨两个仿真机器鱼之间的碰撞检测和响应，其余的可参照处理。

4.2 碰 撞 建 模

虚拟平台上的建模方式有很多，参考依据是建模对象的形状、材质和精度等。目前，较为常见的建模方式有空间分解法、层次包围盒法、二叉树法以及适用于柔性体的“质量 - 弹簧”建模等。在碰撞检测技术的发展初期，大多采用空间分解法，即将对象用若干个等体积的单元格表示。当检测对象在空间中分布较均匀时，可以有效地采用该方法；但是，当空间中存在多个对象，且对象间距离很近时，则需要对单元格进行更为细致的递推细分，但会导致大量时间被占用并消耗过多资源。近几年，随着计算机图形学的迅速发展，层次包围盒得到了广泛的应用，无论对于规则的刚性体还是边缘变化较复杂的物体，运用包围盒建模均可以更好地包裹被检测对象，按照检测精度要求，调整模型的紧密性，适应平台需求。相对而言，和空间分解法相比，包围盒有着良好的运行效率和更合理的资源占有率，但对于大量物体的快速突变运动，运用层次包围盒建模则较难实现高效的碰撞检测。

目前，在机器鱼 2D 仿真平台中，涉及的环境信息和仿真对象包括边界环境、障碍物、仿真水球和仿真机器鱼等。其中，前三者都是规则的不可变形物体，所以选用较简单的包围盒建模既可以准确完整地建立模型，又可以提高平台运行效率。但是，对于仿真机器鱼，因其是三关节驱动形成鱼体波，进而推进机器鱼游动，仅仅运用包围盒并不能精确地模拟，所以本书针对机器鱼的运动特性和平台要求设计了更为复杂的建模方式。

4.2.1　基于包围盒的建模方法

包围盒（Bounding Volume）在二维平面中占据一定的空间，可包围一个或多个不规则形状的物体。它的主要思想就是用简单的几何体来近似描述较为复杂的对象，从而只需对包围盒进行检测即可。最基本的包围盒建模方式有如下几种：球体、AABB、OBB、K-Dop 和凸壳等，如图 4.1 所示。

根据建模对象的需求不同，通过综合对比包围盒的期望特征，我们可选择不同的包围盒模型。包围盒的期望特征包括如下五方面：

（1）相交测试的资源消耗量；

（2）拟合紧密度；

（3）计算复杂度；

（4）旋转和形状变化复杂度；

（5）内存占有率。

图 4.1 的包围盒从左至右复杂度逐渐增加，同时精确度也随之提高。其中，最为简单的是球体包围盒，模型的信息存储量较少，且检测方法和条件相对简单，适用于快速高效的检测需求。除此之外，其他模型均有一定的复杂性和构造条件，下面从包围盒的期望特征方面逐一进行分析：

（1）AABB

AABB 在碰撞检测的研究历史中使用的最久最广。它的定义是包含一个给定对象且边平行于坐标轴的最小长方体。AABB 的构造难度较低，只需记录其

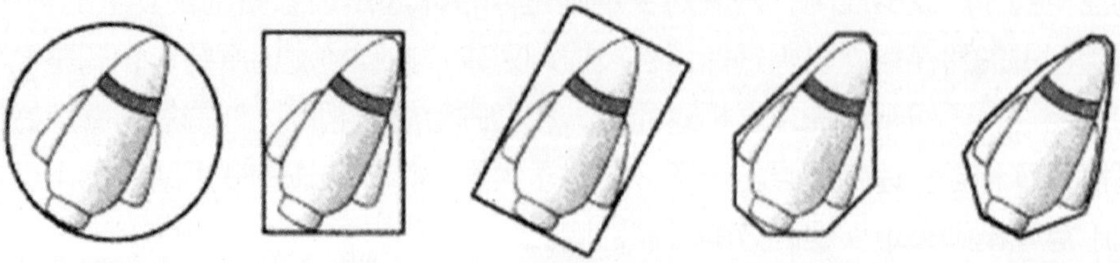

图 4.1　包围盒示意图

顶点的坐标极值即可，所以对于空间 AABB 包围盒，只需存储 6 个浮点数，由此可见，这种包围盒的运算复杂度并不高，检测较为容易。当然，它的缺点也非常明显，AABB 的紧密性较差，尤其是对于沿斜对角方向放置的瘦长形对象，留有的空余空间非常大，导致了大量的包围盒冗余检测。

（2）OBB

OBB 是在 AABB 的基础上提出的，它们的区别主要在于包围盒的轴向是否可变。OBB 是包含建模对象的相对坐标轴为任意轴向的最小长方体。它的构造难度相对较高，需要找到 OBB 轴的最佳方向，而且它不仅要存储坐标极值，还需记录轴向的基底坐标，所以无论是存储量还是检测复杂度都非常高。但在牺牲存储量的同时，提高了物体的紧密性，尤其是对轴向变化的刚体建模来说，只需改变轴向信息即可。

（3）K-Dop

一个对象的 K-Dop 被定义为包含该对象，且它的所有面的法向量均来自一个固定的方向（K 个向量）集合的凸包。这种建模方式的构造难度和检测复杂度均适中，且紧密性十分好，存储量随着 K 值的变化而变化。当物体发生旋转时，K-Dop 需要更新记录顶点坐标，这会带来一定的计算量，但如果通过引入一些优化方法，会大大提高其效率。

综上所述，表 4.1 列出了各个基础模型的特点，从包围盒期望特征的五个方面比较它们的优劣。

表 4.1　几种典型的包围盒比较

相交测试的资源消耗量	K-Dop > OBB > AABB > Sphere
拟合紧密度	K-Dop > OBB > AABB > Sphere
计算复杂度	OBB > K-Dop > AABB > Sphere
旋转和形状变化复杂度	OBB > K-Dop > AABB > Sphere
内存占有率	K-Dop > OBB > AABB > Sphere

依据以上的分析，可以对机器鱼二维仿真平台中的对象一一建模，见表 4.2，本小节只讨论除机器鱼外的对象建模方式。

表 4.2　仿真系统各对象建模方式（不包括机器鱼）

	水球	水池边界	球门块	圆形障碍物	方形障碍物
模型	Sphere	线段	AABB	Sphere	OBB
属性	动态	静态	静态	静态/动态	静态/动态

仿真平台中的边界是一个闭合的矩形，平台中的所有其他对象都在该矩形之内。所以把边界建模为四条线段，且线段分别平行于世界坐标系的坐标轴，方便后面的碰撞检测。目前，仿真平台中的障碍物分为四边形和圆形，存在动态障碍物和静态障碍物两种。对于圆形障碍物，无论是动态还是静态，Sphere 建模方式完全可以符合它的检测需要；由于动态四边形障碍物的轴向和形状均不会改变，所以采用 OBB 建模方式可以更为精确地进行碰撞检测。

仿真平台的仿真周期为 100 ms（10^{-1} s），在每一个仿真周期中，都要遍历所有对象的碰撞检测。在最理想的情况下运行，也至少有七至八个被检测对象，加之复杂的碰撞算法，为仿真平台的运行增加了不少负担。因此，本书利用双层建模方式，减少了不必要的碰撞检测，首先进行粗略的判断，排除不可能发生的碰撞，其次运用精细化的模型进行进一步检测（如图 4.2 所示）。

具体来说，外层建模均采用构造容易且检测方便的球形包围盒——以检测对象的质心点作为圆心，以物体上距离质心最远点的长度为半径，建立模型；内层建模则采用表 4.2 中的精确建模方式。水球和四边形障碍物的双层模型示意图如图 4.3 所示，蓝色代表外层模型，红色代表内层模型（由于水球的内外层模型相同，所以简化为单层建模）。

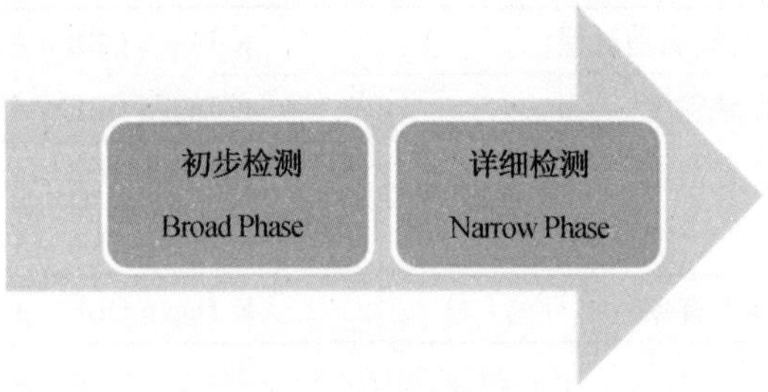

图 4.2　碰撞检测两阶段

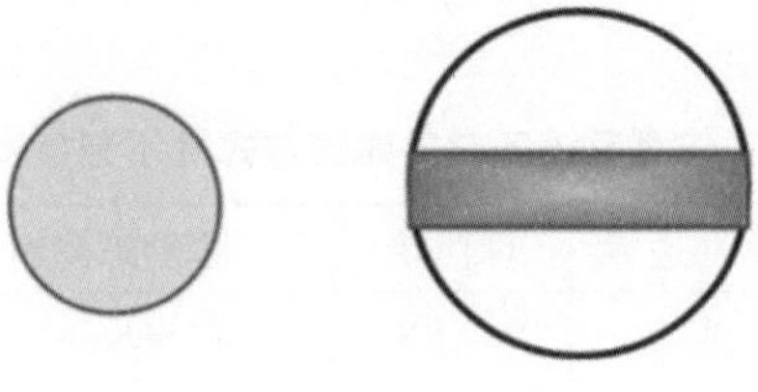

图 4.3　双层建模示意图（左图为水球、右图为障碍物）

4.2.2　机器鱼建模

1. 机器鱼结构及运动原理

机器鱼仿照鲹科鱼类的游动模式，利用尾部关节的摆动推进鱼体前进。二维仿真平台是把实体机器鱼的三维环境投影至二维平面上，以俯视角度观测，如图 4.4 所示。那么，在俯视的平面上将机器鱼进行结构分解，可分为两个对称的胸鳍、躯干、三个尾部关节以及一个尾鳍，其内部结构图如图 4.5 所示。

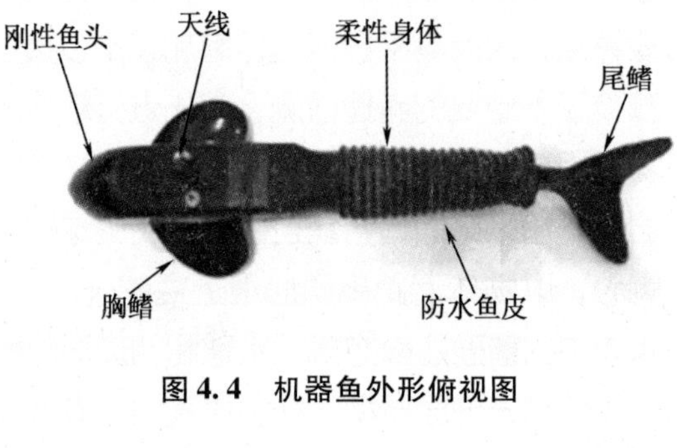

图 4.4　机器鱼外形俯视图

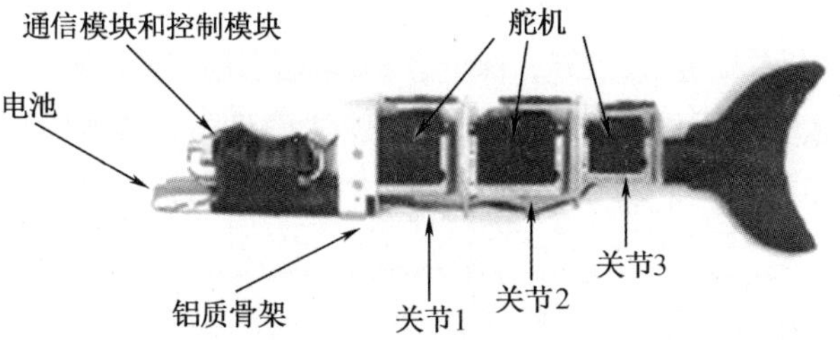

图 4.5　机器鱼内部结构图

机器鱼的躯干部分是由内置的通信模块、控制模块、电池等组成，再由刚性材料外壳包绕，是机器鱼的主要控制中心；鱼尾部分是由三个舵机串行相连，通过它们的节律摆动，形成鱼体波，从而推进机器鱼游动。通过鱼类研究人员的研究成果可以得出鱼的游动行为特点：即鱼类在柔性身体和尾鳍摆动所产生的推进运动中隐含着一个由后颈部向尾部传播的行波。那么，机器鱼通过调节三个舵机的摆动频率和摆动幅度，形成由鱼体波幅包络线和正弦曲线合成的鱼体波曲线，模拟了鱼类游动时的行为特征，从而推动机器鱼游动。图 4.6 是仿真机器鱼和实体机器鱼的对比图。

图 4.6　仿真机器鱼和实体机器鱼对比图

2. 包围盒树模型

由上一小节可以看出，机器鱼不能选取单一的包围盒建模方式，因为随着机器鱼尾部的摆动，可能出现凹多边形的模型，而对于凹多边形的碰撞检测，目前都是将其分解为若干个凸多边形。由此，可以把机器鱼的复杂结构分解开来，逐层检测，由粗略到精细，既提高了平台效率又不损失模型精度。

包围盒树（Bounding Volume Tree）是基于包围盒的树形结构，它的每一个节点都是包围盒的基本模型。包围盒树由一个根节点延伸出多个子节点，精度随着子节点的深度增加而增加，最深一层的叶节点是最精细的模型。实体机器鱼的运动十分复杂，为了更好地利用平台资源，本书设计了三层包围盒树形模型，按照机器鱼的基本结构，层层分离，保证了机器鱼发生碰撞时的视觉效果。

模型的具体结构见图 4.7，最上层为球体模型，以头尾轴中心点为圆心，头尾轴的长度为直径，把整个机器鱼包围在该模型中，这层模型可以快速去除不可能的碰撞；第二层的子节点分别为躯干部分的球体模型和尾部球体模型，把碰撞的范围限定在躯干周边或是尾部周边；最后一层的叶节点有 8 个，分别为左胸鳍、躯干、右胸鳍，第一尾关节、第二尾关节、第三尾关节、左半尾鳍、右半尾鳍。第一层和第二层包围盒树可以快速有效地完成碰撞检测的初步检测阶段，属于外层模型，而包围盒树的叶节点则是利用 K-Dop 模型建模，完成了详细检测阶段的检测任务。K-Dop 中 K 的选取是依据叶节点的形状，分别有 3-Dop、4-Dop 和 5-Dop。当机器鱼游动时，其各个叶节点的形状也发生变化，但它们的 K 值始终不变，而且每个叶节点都构成凸边形。对于机器鱼包围盒中的每个叶节点，它们的朝向随时会发生改变，所以根据表 4.1 的分析可以得出，运用 K-Dop 方式建模，其包围紧密度和计算复杂度都优于 OBB 建模方式，所以运用上述方法对机器鱼建模既可以提高平台的运行速率，又可以精确地检测出碰撞的发生。

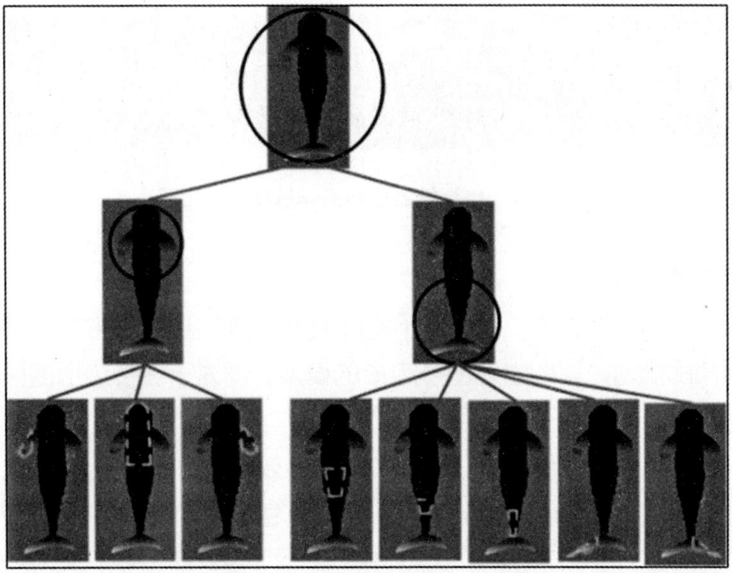

图 4.7　机器鱼包围盒树模型示意图

4.3 碰撞检测

4.3.1 算法流程

在机器鱼二维仿真平台中，涉及的对象有多个。在现实场景中，许多物体的碰撞可能发生于同一时刻，但在计算机的处理过程中，只能将它们顺序执行，也就是说，一个时间片内只能进行一次碰撞检测，所以当多个物体同时发生碰撞时，需要按照视觉效果和平台要求，对各个物体间的碰撞检测进行优先级划分。本书的多物体检测顺序由低到高依次为障碍物与机器鱼和水球的检测、机器鱼之间的检测、机器鱼和水球的检测、边界与机器鱼和水球的检测。具体来讲，首先，从视觉效果来看，所有的对象都应该在水池边界之内，所以各个动态对象和边界的碰撞检测优先级最高，检测放在第一步；在仿真平台中，障碍物对象的数目相对较少，所以将它和其他动态物体的检测置于末位，优先级最低。

本书主要研究两个物体间的碰撞检测算法，下面根据平台中各物体的模型不同，对其碰撞检测进行详解。图 4.8 为仿真平台示意图。

1. 与边界的检测算法流程

边界模型采用四条线段组成的矩形来表示。那么，只要检测动态对象是否全部位于该矩形内即可。根据机器鱼的包围盒树建模，可以得到它的凸边形顶点列表 Vertex[i][j]，其中 i 代表叶节点，$i \in [0,8]$，j 代表每个叶节点下包围盒 K-Dop 模型的顶点值，根据选取的 K 不同，j 的取值范围也不同。计算顶点列表中的极值坐标 $\max_x$、$\max_y$、$\min_x$、$\min_y$，那么，只需比较极值坐标 $\max_x$、$\min_x$ 与左右边界值，$\max_y$、$\min_y$ 与上下边界值。

2. 离散碰撞检测算法流程

离散碰撞检测是连续碰撞检测的基础，主要运用在尺寸较大的物体检测上，且它的相对速度不高。在仿真平台中，适用于障碍物和球之间的碰撞检测，在保证精度的同时可以提高检测效率。具体的流程如图 4.9 所示。

3. 连续碰撞检测算法流程

在离散碰撞检测的基础上，加入中间状态的插值过程，就得到了连续碰撞检测算法，流程如图 4.10 所示。

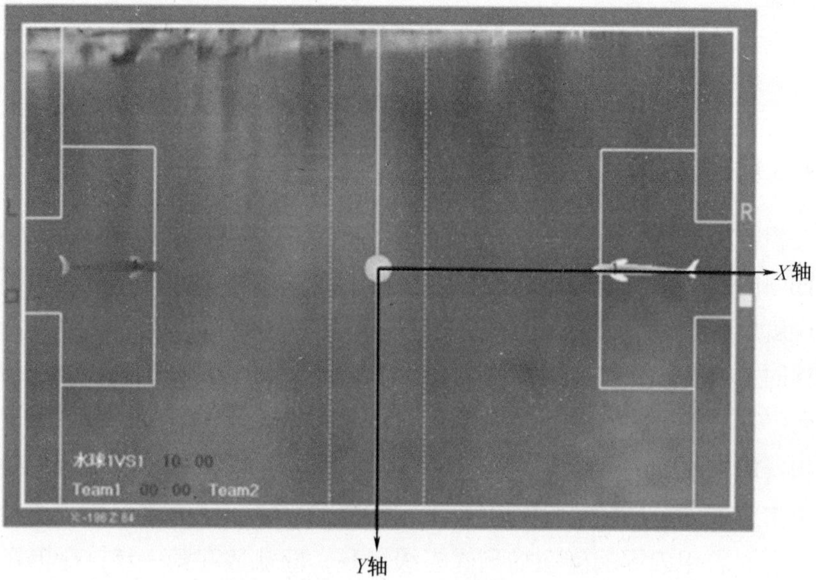

图 4.8　机器鱼二维仿真平台示意图

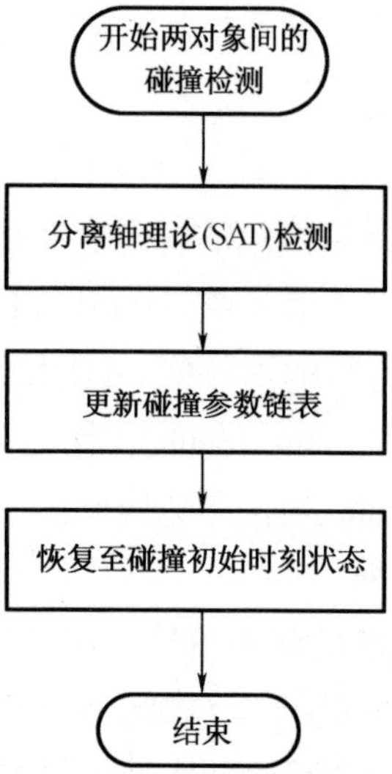

图 4.9　离散碰撞检测算法流程图

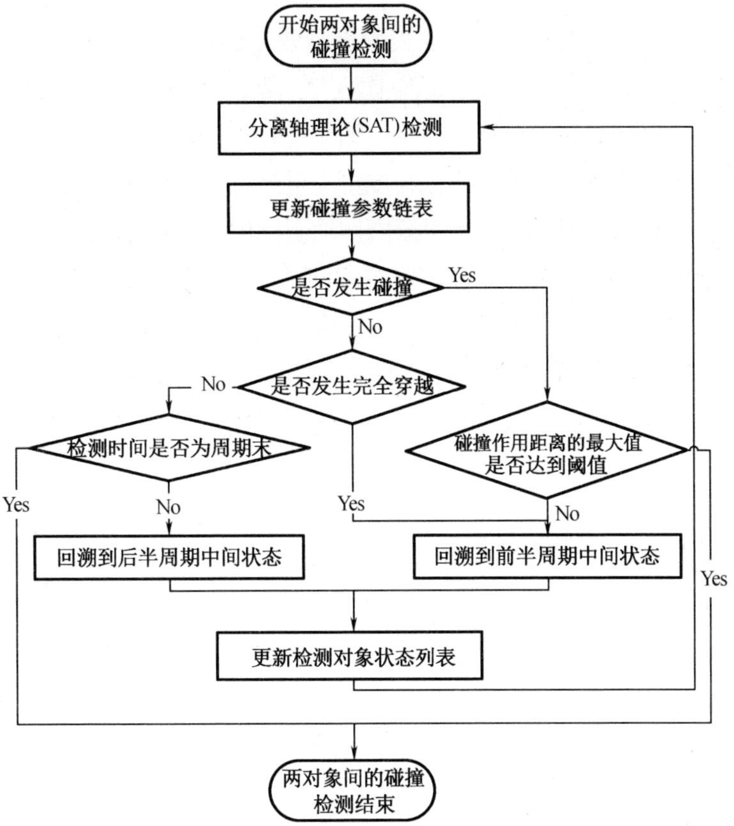

图 4.10　连续碰撞检测算法流程图

从图 4.10 中可以看出，检测算法主要分为三个阶段——基于分离轴理论的基础检测、判断是否发生完全穿越和基于二分法的连续碰撞检测。机器鱼二维仿真平台的仿真周期 $T = 100$ ms（0.1 s），假设当前碰撞检测的时刻为 t_1，前一周期的检测时刻为 t_0，则需要得到 100 ms 中是否发生碰撞、碰撞发生的时刻，碰撞作用点等信息。

平台中机器鱼的运动信息来源于客户端的决策数据，所以无法预知下一时刻的速度和角速度。本书采用的碰撞检测算法滞后于实际的碰撞时刻，也就是说，只有当碰撞已经发生后，运用上述算法才可以检测到具体的碰撞信息。在一个仿真周期内，碰撞有可能发生在该周期内的任一时刻，有可能接近于 t_1 时刻，也有可能由于对象运动速度较快，在 100 ms 的时间内，两个检测物体发生了完全穿越，所以我们需要把时间回溯到初次发生碰撞的那一时刻。以机器鱼和水球的碰撞检测为例，首先运用分离轴理论检测在 t_1 时刻是否发生碰撞，如果发生碰撞且碰撞距离在设定的阈值之内，则结束该周期的碰撞检测，否则运用二分法找到初次发生碰撞的时刻；如果在 t_1 时刻未发生碰撞，则判断是否在该周期内发生了完全穿越，那么在发生完全穿越的情况下，则同样运用二分法找到准确的碰撞信息，否则结束该周期的碰撞检测。

连续碰撞检测在获得精准检测信息的同时，也消耗了大量的时间和内存，所以本书采用设置循环上限来解决由于资源消耗过度引起的平台无法实时运行等问题，依据平台中运动物体的最大速度和角速度，以及它们的尺寸大小，可以得到一个循环次数经验值 20，即最多运算 20 次就可以找到最初碰撞时刻的碰撞信息。

4.3.2　基于分离轴的碰撞检测原理

在拥有大量复杂物体的场景中，碰撞检测首先应该快速地排除不可能发生的碰撞，然后再对可能产生碰撞的物体进行精确的检测。从上一章的介绍可以知道，机器鱼二维仿真平台中的对象建模均采用双层模型，利用外层模型（Sphere）就可以快速地判断出两者是否有可能发生碰撞，这个阶段称为初步检测阶段（Broad Phase）；与之相对应的是详细检测阶段（Narrow Phase），在此阶段中，对各对象的精确模型进行检测，得出最终的碰撞信息。

1. 凸多边形的检测

在二维平面中，如果存在一条直线，使得两个凸多边形分别位于这条直线的两侧，则该直线称为这两个凸多边形的分离轴，如图 4. 11 所示。从上一章的建模结果可以得出，平台内的所有对象均为凸多边形，所以碰撞检测的基本

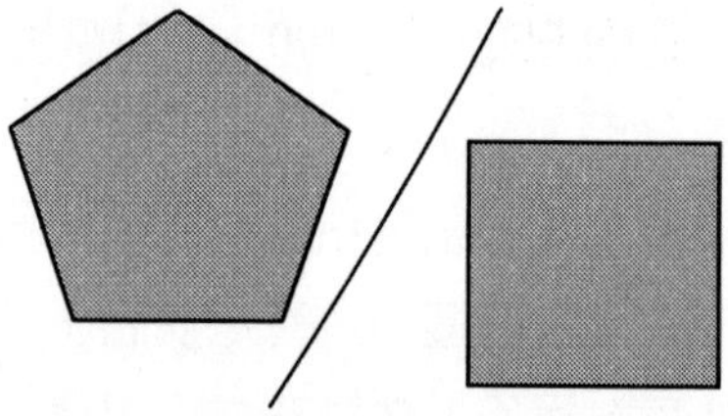

图 4. 11　二维平面分离轴示意图

思想为找出检测对象的分离轴。

在二维平面中，通过对被检测对象进行投影计算，即可判断出是否发生碰撞，得出碰撞的具体参数，下面将详述该过程：

（1）假设在二维平面中存在两个凸多边形 A 和 B，如图 4. 12（a）所示，其中多边形 A 是凸五边形，B 为凸四边形。找出两多边形所有边的垂线。

（2）将两多边形均投影在每条垂线上。图 4. 12（b）示意出某条垂线上的两多边形投影。

（3）如果存在一条或多条垂线上的投影不相交，则存在至少一条分离轴，即两多边形不相交；反之，两多边形相交。记录投影重叠的最小距离，该距离即是最小相交向量（Minimum Intersection Vector，以下简写为 MIV），具有最小相交向量的垂线记为二者的作用法线（Normal Axis，以下简称为 NA）。

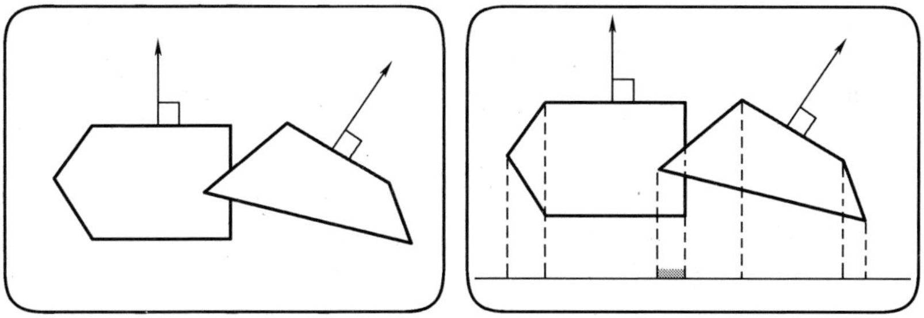

(a)　　　　(b)

图 4. 12　碰撞检测分离轴理论示意图

下面是分离轴理论的伪代码：

```
for（A 和 B 物体的边数总和）
{   找出某条边的垂线
    将 A 和 B 都投影到该条垂线上
    If（投影交叠）
        记录交叠长度
    else
        break;
}
```

2. 球与凸多边形的检测

当检测对象为球形和凸多边形时，也可以运用上述的投影法找出分离轴，但是在某一特殊区域该方法会失效。如图 4.13 所示，通过上述的投影法，得出的结果是两者相交，找不到分离轴，但从图示可以清晰地看出二者并不相交，那么就是在该特殊区域，投影法无法检测出分离轴，所以会得出错误的结论。

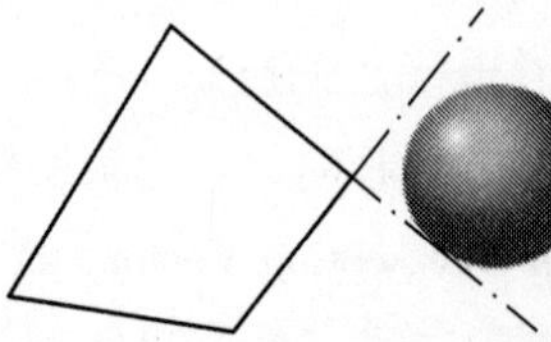

图 4.13　球和凸多边形碰撞检测

首先，引入一个概念——Voronoi 区域。对于一个凸多边形中的某一个顶点 V，我们定义距离顶点 V 最近的区域，称为该点的 Voronoi 区域。这个概念较为宽泛，所以具体到平台中的实际问题，本书定义如下：在二维平面内，延长顶点 V 的两条边，定义延长线的夹角区域为 Voronoi 区域（不考虑处于多边形内部的区域）。

给定水球的中心点为 $P=P(x_1,y_1)$，半径为 r，顶点 V 的坐标 $V=V(x_2,y_2)$，则圆心到顶点的距离 $D=\sqrt{(x_2-x_1)^2+(y_2-y_1)^2}$。在 Voronoi 区域内，比较 D 和 r 的大小，判断出在 Voronoi 区域中，二者是否相交；在其他区域中，可以运用投影法，这里不再赘述。

4.3.3　连续碰撞检测

1. 坐标转换

在世界坐标系 XOY 中，原点坐标为（0，0），现已知点 O' 在 XOY 坐标系中的坐标值为 O'（a，b）。坐标系 $X'O'Y'$ 是以 O' 为坐标原点的本地坐标系，坐标系 XOY 的 Y 轴和坐标系 $X'O'Y'$ 的 Y 轴夹角为 θ（规定顺时针方向为正，逆时针方向为负，角度取值范围是 $[-\pi,\pi)$）。现有一点 A，它在 XOY 坐标系的坐标值为（x，y），计算其在 $X'O'Y'$ 坐标系的坐标值（x'，y'）如下：

$$x'=(x-a)\cos\theta+(y-b)\sin\theta \tag{4.1}$$

$$y' = -(x-a)\sin\theta + (y-b)\cos\theta \tag{4.2}$$

在连续碰撞检测的算法中，需要判断两检测物体是否已经发生完全穿越。两个动态物体在一个仿真周期内位置和角度都有变化，不仅仅需要知道它们的运动路径有没有重叠，还要知道交叠路径的发生时刻，所以利用坐标转换，以其中一个运动物体 A 作为参考系，将另外一物体 B 置于该坐标系中，判断 B 的运动路径是否穿过了 A 物体，从而得到是否发生完全穿越。

在世界坐标系 XOY 中，假设 A 物体在一个仿真周期的始末位姿信息为

$$P_{A0} = P(x_{A0}, y_{A0}, \theta_{A0}) \tag{4.3}$$

$$P_{A1} = P(x_{A1}, y_{A1}, \theta_{A1}) \tag{4.4}$$

B 物体在一个仿真周期的始末位姿信息为

$$P_{B0} = P(x_{B0}, y_{B0}, \theta_{B0}) \tag{4.5}$$

$$P_{B1} = P(x_{B1}, y_{B1}, \theta_{B1}) \tag{4.6}$$

坐标点均为物体中心点的坐标，角度为朝向角。根据公式（4.1）和（4.2）坐标转换后，可以得到以 A（初始时刻）物体为参考坐标系的其他位姿信息，见公式（4.7）和（4.8）。

$$\begin{bmatrix} x'_{B0} \\ y'_{B0} \\ \theta'_{B0} \end{bmatrix} = \begin{bmatrix} x_{B0}-x_{A0} & y_{B0}-y_{A0} & 0 \\ y_{B0}-y_{A0} & x_{A0}-x_{B0} & 0 \\ 0 & 0 & 1 \end{bmatrix} \begin{bmatrix} \cos\theta_{A0} \\ \sin\theta_{A0} \\ \theta_{B0}-\theta_{A0} \end{bmatrix} \tag{4.7}$$

$$\begin{bmatrix} x'_{B1} \\ y'_{B1} \\ \theta'_{B1} \end{bmatrix} = \begin{bmatrix} x_{B'0}-x_{A'0} & y_{B'0}-y_{A'0} & 0 \\ y_{B'0}-y_{A'0} & x_{A'0}-x_{B'0} & 0 \\ 0 & 0 & 1 \end{bmatrix} \begin{bmatrix} \cos\theta_{A'} \\ \sin\theta_{A'} \\ (\theta_{B1}-\theta_{A1}-\theta_{A0}) \end{bmatrix} \tag{4.8}$$

以上可以得到 B 物体相对于 A 物体的运动路径，只要检测该路径是否与 A 物体有交叠即可判断出是否发生完全穿越。

2. 二分法原理

二分法广泛运用于计算机的查询过程中，主要针对一个有序的数据列表，采用折半排除的方法，最终查找出需要的数据。在机器鱼二维仿真平台中，运用二分法的目的简单来讲就是寻找检测对象的中间状态。一个仿真周期中，碰撞可能发生在该周期的任一时刻，所以利用二分法对时间进行折半，找到折半后的物体信息，再来判断碰撞发生在折半时刻之前或是之后，从而排除一半可能性，加速检测过程，不断循环该过程，最终找到初次发生碰撞的时刻。二分

法示意图如图 4. 14 所示。

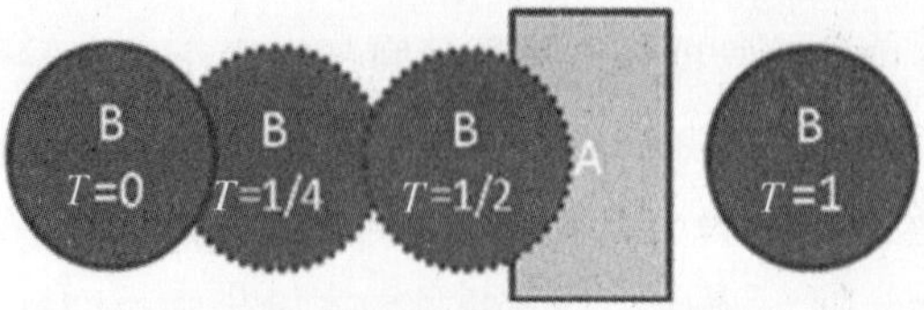

图 4. 14　二分法示意图

设定检测对象为 *A*、*B*，他们检测周期的初始状态分别为 S（A）$_{pre}$、S（B）$_{pre}$，结束状态分别是 S（A）、S（B）。平台的仿真周期 T = 100 *ms*。

（1）设定碰撞检测阈值为 ΔD，当通过分离轴理论计算出的最小相交向量值在阈值范围内时，结束二分法，得到碰撞检测结果；

（2）以 *A* 物体为参照物，把 *A* 和 *B* 物体转换到同一坐标系中，认为 *A* 静止，对 *B* 物体的相对运动情况进行研究；

（3）计算 *B* 物体在 T/2 时刻的状态，由于机器鱼是三关节摆动前进，所以其位置和姿态都在实时的变化，仅仅计算其位置信息是不够的，故引入四元数法计算其中间状态；

（4）判断 *A* 和 *B* 碰撞发生的时间段——前半区间或后半区间，循环（1）~（3）步骤，直至检测结果在阈值范围内，记录并存储初始碰撞时刻以及该时刻下各个物体的状态。

3. 运动插值

物体在二维平面内的运动是由平动和转动组合起来的复合运动。机器鱼的最大线速度可达 37 cm/s，所以一个仿真周期内，它的位移最多可以达到 37 mm，相对于它的尾部三关节 8 mm 的宽度来说，两条鱼发生碰撞时很容易发生身体部分穿越。在碰撞时刻回溯的同时，各个对象的位姿状态（包括位置和朝向）也要发生回溯，所以寻找中间准确状态就显得十分重要。

运动插值的一个基本假设为，在一个仿真周期内，每个物体的运动均可近似于匀速。本书将平动和转动分开计算，即运动插值的状态包括平动插值和转动插值。考虑到如今较多的运动插值法均应用在三维空间中，而且未来平台的发展方向将转为三维，运动插值方法在二维平面内和三维空间中有良好的兼容性，故本书运动插值都基于三维空间，如果该方法运用到二维平面内时，只需将其中一个坐标轴的所有值置零即可。

首先分析平动插值，假设被检测对象 A 的始末状态分别为 $S(A_0)$ 和 $S(A_1)$。在 $S(A_0)$ 状态下，A 物体的中心坐标值可表示为向量 $\boldsymbol{P}_{A0}$，同样地 A 在 $S(A_1)$ 状态下的中心坐标值为向量 $\boldsymbol{P}_{A1}$。那么利用平动插值后得到的 t 时刻状态 $S(A_t)$，$t \in (0, 1)$，它的中心坐标值为

$$\boldsymbol{P}_{At} = (\boldsymbol{P}_{A0} + \boldsymbol{P}_{A1}) \times t \tag{4.9}$$

旋转插值较平动插值复杂许多，尤其对于机器鱼，插值状态不仅要包括鱼体朝向的插值结果，还要有三个尾部关节的状态量，中间状态的计算结果会直接影响到后续的碰撞响应处理以及视觉效果，所以该部分十分关键。

在计算机图形学和计算机图像处理领域，采用较多的运动插值法有欧拉角法和四元数法。下面一一分析：

（1）欧拉角法

将角位移分解为绕三个相互垂直轴的三个旋转组成的序列，这三个序列即为欧拉角。欧拉角的优点是较为直观，表达式最简洁，因为空间量需要至少三个变量来表示。同时，欧拉角的缺点也较为明显，由于角度是周期变化的，所以欧拉角的表达式不唯一，需要对角度范围进行设定，还有另外一个较为致命的缺点，就是欧拉角插值会出现万向节死锁现象，这也是本书不选择欧拉角插值的主要原因。

（2）四元数法

四元数的基本定义为

$$q = s + xi + yj + zk \tag{4.10}$$

其中 x，y，z 用来表示旋转轴，s 表示围绕旋转轴旋转的角度。记为 $q = [s, v]$，旋转方向符合右手定理。四元数包含了四个参数，而且不太符合直观的空间表示概念，但是四元数可以很好地避免角度不唯一和万向节死锁问题，所以四元数法在运动插值领域得到了广泛的应用。

了解了四元数的基本概念后，进一步分析四元数运动插值的几种方法——直线插值法、球面插值法、球面四边形插值法等。其中，直线插值会引入不均匀的插值状态，而其余两者均为线性插值，考虑到平台的特点和物体运动的最大速度，本书采用球面插值法进行转动插值。插值算法如下：

①设定被检测对象为机器鱼 A，四元数是由四个变量构成的超复数集合，它同时也可以表示为两个变量的表达式。$Q = [\cos\alpha, \sin\alpha\boldsymbol{N}]$，其中 $\boldsymbol{N}$ 表示旋

转轴向量，α 即为围绕该旋转轴的角度。那么，绕 R^3 空间中各轴旋转的角度即可表示为对应的四元数。

$$\begin{cases} q_x = \left[\cos\dfrac{X}{2},\ \sin\dfrac{X}{2}\right] \\ q_y = \left[\cos\dfrac{Y}{2},\ \sin\dfrac{Y}{2}\right] \\ q_z = \left[\cos\dfrac{Z}{2},\ \sin\dfrac{Z}{2}\right] \end{cases} \tag{4.11}$$

将三个向量合成一个向量 $q_y q_x q_z = s + xi + yj + zk$，即

$$\begin{cases} s = \cos(Y/2)\cos(X/2)\cos(Z/2) + \sin(Y/2)\sin(X/2)\sin(Z/2) \\ x = \cos(Y/2)\sin(X/2)\cos(Z/2) + \sin(Y/2)\cos(X/2)\sin(Z/2) \\ y = \sin(Y/2)\cos(X/2)\cos(Z/2) - \cos(Y/2)\sin(X/2)\sin(Z/2) \\ z = \cos(Y/2)\cos(X/2)\sin(Z/2) - \sin(Y/2)\sin(X/2)\cos(Z/2) \end{cases} \tag{4.12}$$

由上述过程可得出状态 S（A_0）的四元数表达式 $Q_0 = s_0 + x_0 i + y_0 i + z_0 k$，以及状态 S（A_1）的四元数表达式 $Q_1 = s_1 + x_1 i + y_1 i + z_1 k$。

②四元数球面插值法的基本思想是寻找始末状态所在球面的短平面上的状态，可以表达为

$$\begin{aligned} \text{Slerp}(p,q,h) &= \frac{p\sin[(1-h)\Omega] + q\sin h\Omega}{\sin\Omega} \\ &= \frac{Q_0\sin[(1-h)\Omega] + Q_1\sin h\Omega}{\sin\Omega} \end{aligned} \tag{4.13}$$

其中 $h \in [0,\ 1]$，$\cos\Omega = p \cdot q$。

四元数点积的计算公式为

$$Q_0 \cdot Q_1 = s_0 \times s_1 + \bar{v}_0 \times \bar{v}_1 \tag{4.14}$$

③得到中间状态的四元数表达式后，可以依据四元数和欧拉角之间的转换关系，得到中间状态的欧拉角表达式。

$$\begin{bmatrix} \alpha \\ \beta \\ \gamma \end{bmatrix} = \begin{bmatrix} \arctan\dfrac{2(sx+yz)}{1-2(x^2+y^2)} \\ \arcsin(2(sy-zx)) \\ \arctan\left(\dfrac{2(sz+xy)}{1-2(y^2+z^2)}\right) \end{bmatrix} \tag{4.15}$$

④根据插值的时刻信息和各关节滞后角得到机器鱼的状态。

4.4 碰撞响应

4.4.1 算法流程

仿真平台模拟了水环境下多机器鱼以及机器鱼顶球等运动。各个物体间的碰撞都属于接触碰撞，而且在水环境下，平行于物体表面的摩擦力可以忽略。通常情况下，一个完整的碰撞过程一般不会超过 10^{-3} s，而仿真平台的仿真周期为 1 ms（ $=10^{-3}$ s)，所以可以认为碰撞响应的时间非常短暂，可以对响应过程作出如下的假设。根据经典的碰撞理论，在响应处理前，对复杂的碰撞过程进行两点简化：

（1）碰撞过程中，碰撞力极大，因而忽略常规的非碰撞力（重力、弹性力等）；

（2）碰撞过程极短，因此可认为碰撞前后物体的位置变化不计。

按照运动方式的不同，可以将机器鱼二维仿真平台中的动态物体分为两类——一类是机器鱼，它通过三关节的舵机配合，形成鱼体波，推进机器鱼游动，是可以产生主动运动行为的物体；另一类是球，它只能依靠外力在水中进行被动式的运动。碰撞过程中所产生的都属于被动式运动，而该运动行为也会因为水的阻力而渐渐消失。所以，结合上述两点简化条件，可以将碰撞响应过程分为两个阶段——瞬时碰撞阶段和瞬时响应阶段，如图 4.15 所示。其中，瞬时碰撞阶段是基于上述经典碰撞理论的假设，运用动量守恒定律计算出碰撞后，动态物体的速度和角速度情况；瞬时响应阶段是发生在瞬时碰撞阶段之后，由于水的阻力，碰撞后的响应速度会随着时间的推移而减小，直至减为零，随后运动的物体会恢复其主动行为下的速度情况。在第二阶段中，由水流引起的减速过程十分复杂，但由于其作用时间十分短暂，所以本书将其简化为

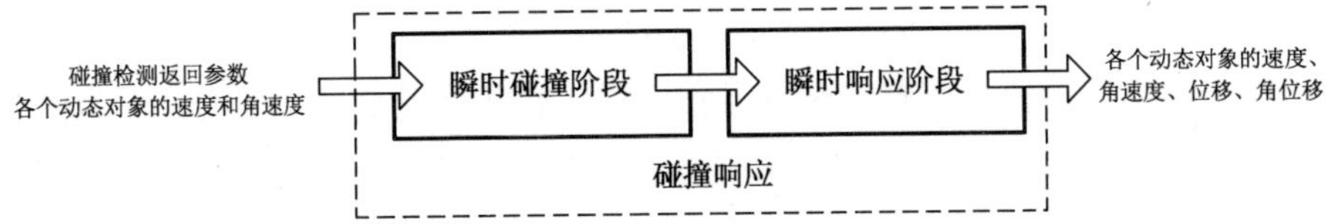

图 4.15　碰撞响应流程图

物体的位移和角位移。

4.4.2 瞬时碰撞阶段

由碰撞检测传回的参数可以得到两个检测对象的碰撞作用点、作用法线，利用这两点信息，并结合碰撞前的速度、角速度，可以得到瞬时碰撞阶段后运动对象的速度和角速度。在碰撞作用法线和切线构成的坐标系中，分解检测对象的速度和角速度，因为在水环境中，摩擦力基本可以忽略，可以认为切线方向上的速度和角速度不受碰撞的影响，故只需计算法线方向上的变化情况。

1. 恢复系数

首先引入一个概念——恢复系数。不同材质的物体，发生碰撞后产生的效果不同，将描述碰撞时不同材质变形恢复能力的参数称为恢复系数，用 C_r 表示，是碰撞后法向分离速度和碰撞前法向接近速度的比值。那么，下面来一一分析实体环境中各个物体的材质：水球由橡胶制成，向内注水并使水球恰好有2/5 的体积在水面上；实体机器鱼头部及胸鳍是钢化材质，尾部三关节由橡胶包裹舵机而成，尾鳍部分则是用橡胶制成的；水池池壁是软性材料，球门由网线区域和铁质球门柱组成。

从物理学角度分析，碰撞可以分为完全弹性碰撞、非完全弹性碰撞和完全非弹性碰撞：（a）完全弹性碰撞是刚体间的碰撞，它的恢复系数 $C_r=1$；（b）非完全弹性碰撞，碰撞后一部分能量被消耗，所以恢复系数 $0<C_r<1$；（c）完全非弹性碰撞情况较为少见，恢复系数 $C_r=0$，碰撞后二者不会分开。由前面提到的机器鱼材质和环境信息等可以得出，本书中的碰撞均为非完全弹性碰撞，恢复系数的大小需要通过实体的实验数据得到。

假设 A，B 两对象发生碰撞，碰撞前在法线方向上的速度分量为 v_{1n}、v_{2n}，碰撞后的法线速度分量分别为 v'_{1n}、v'_{2n}，设定正方向为法线方向，那么恢复系数的定义是：

$$C_r = \frac{v'_{1n} - v'_{2n}}{v_{2n} - v_{1n}} \tag{4.16}$$

对于水球、池壁和障碍物来说，它们的材质分布是十分均匀的，所以各个部分的恢复系数都一样。通过实验可以分别测得球与球碰撞、球与障碍物碰撞、球与边界碰撞的恢复系数。实验过程中，通过外力给水球一定的速度，使水球垂直碰撞另外的物体，并记录碰撞前后的运动速度，通过公式（4.16）

即可计算出它们的恢复系数。

然而，对于机器鱼来说，由于它的头部、尾关节和尾鳍的材质硬度不尽相同，所以它的恢复系数也会随着碰撞部位的不同而不同。下面通过实验来分析机器鱼之间碰撞时的恢复系数。

（1）机器鱼头部与机器鱼头部碰撞

将两条机器鱼鱼头相对放置于水池中，相距大约 30 cm，如图 4. 16 所示。机器鱼 A 静止，机器鱼 B 以速度 v_{2n}向 A 游动，发生碰撞后记录机器鱼 A 碰撞后的速度 v'_{1n}，和机器鱼 B 碰撞后的速度 v'_{2n}（速度方向均在同一直线上）。取 43 组实验的原始数据，如图 4. 17 所示，去除结果为零和小于零的误差值，并计算其余数据的平均值，计算出恢复系数为 0. 06，如图 4. 18 所示。

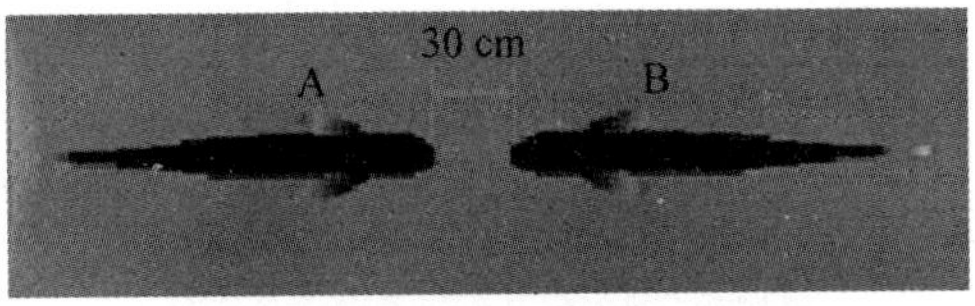

图 4. 16　机器鱼头部碰撞示意图

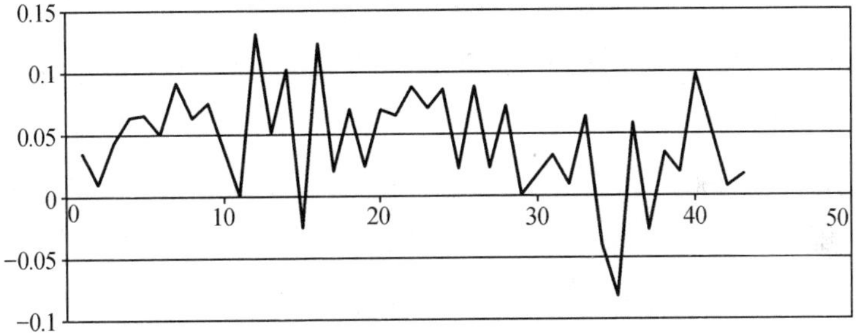

图 4. 17　机器鱼头部碰撞实验恢复系数原始数据

（2）机器鱼头部和机器鱼胸鳍碰撞

将两条机器鱼放置于水中，一条垂直于另外一条的右胸鳍放置，相距大约 30 cm，如图 4. 19 所示，碰撞点距离机器鱼 A 的头部顶点为 10 cm，大约为鱼身长的 1/3。机器鱼 A 静止，机器鱼 B 以速度 v_{2n}向 A 游动，发生碰撞后记录机器鱼 A 碰撞后的速度 v'_{1n}和机器鱼 B 碰撞后的速度 v'_{2n}（速度方向均在机器鱼 B 鱼尾轴方向上）。最终的数据结果如图 4. 20 所示，由去掉误差值后的平均数

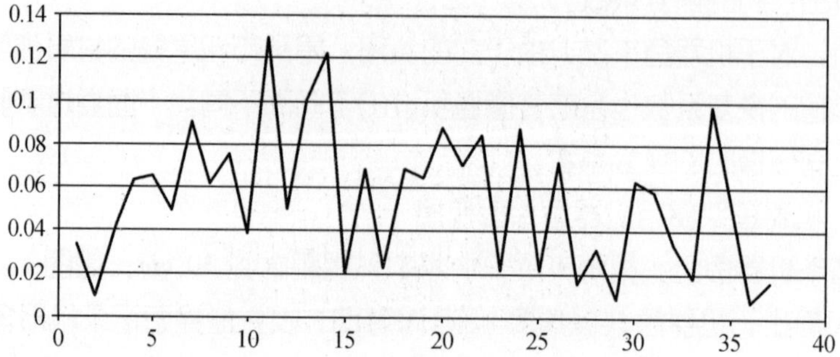

图 4.18 机器鱼头部碰撞实验恢复系数结果

可以计算出该情况下的恢复系数为 0.035。

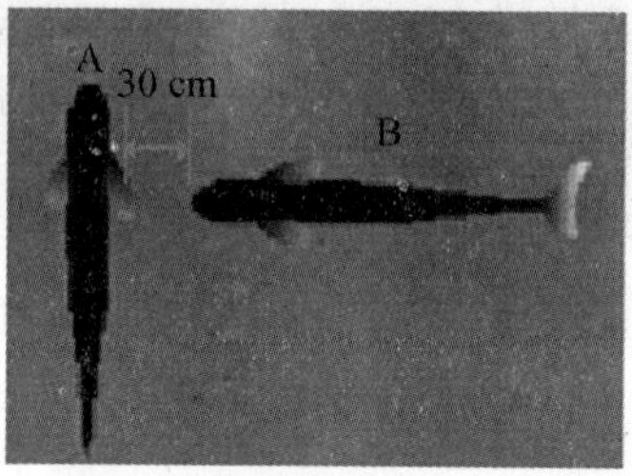

图 4.19 机器鱼头部和机器鱼胸鳍碰撞示意图

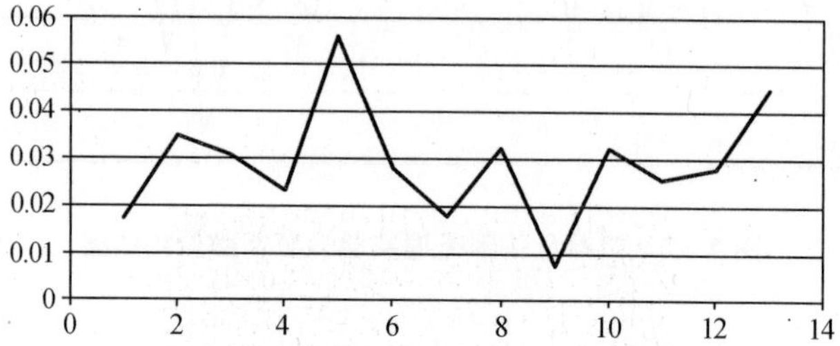

图 4.20 机器鱼头部和机器鱼胸鳍碰撞实验恢复系数结果

（3）机器鱼头部和机器鱼尾部关节碰撞

记录方法同（2），其中机器鱼 A 静止，机器鱼 B 垂直于 A 的尾部第一关节放置，碰撞点距离机器鱼 A 的头部顶点为 15 cm，大约为鱼体一半的长度。示意图和结果数据如图 4.21 和 4.22 所示，计算出的恢复系数为 0.026。

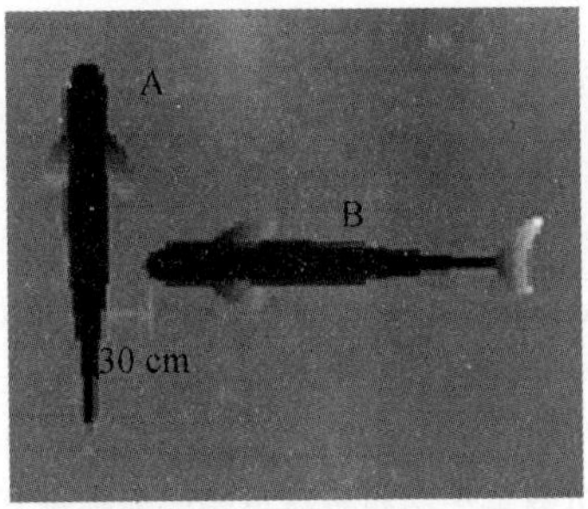

图 4.21　机器鱼头部和机器鱼尾部关节碰撞示意图

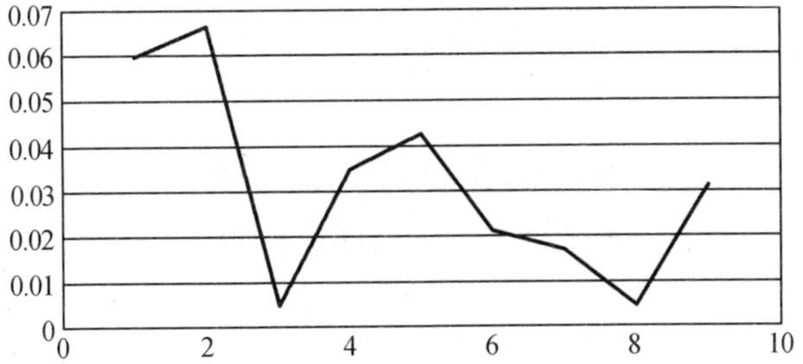

图 4.22　机器鱼头部和机器鱼尾部关节碰撞恢复系数结果

（4）机器鱼头部和机器鱼尾鳍碰撞

记录方法同（2），其中机器鱼 A 静止，机器鱼 B 垂直于 A 的尾鳍与第三关节连接处放置，碰撞点距离机器鱼 A 的头部顶点为 25 cm，几乎靠近鱼尾。示意图和数据结果如图 4.23 和 4.24 所示，计算出的恢复系数为 0.008 1。

由上述数据可以计算出不同碰撞情形下的恢复系数，通过曲线拟合这些恢

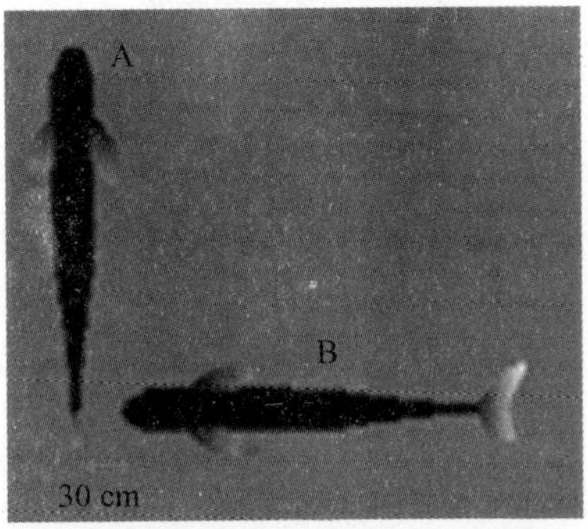

图 4.23　机器鱼头部和机器鱼尾鳍碰撞示意图

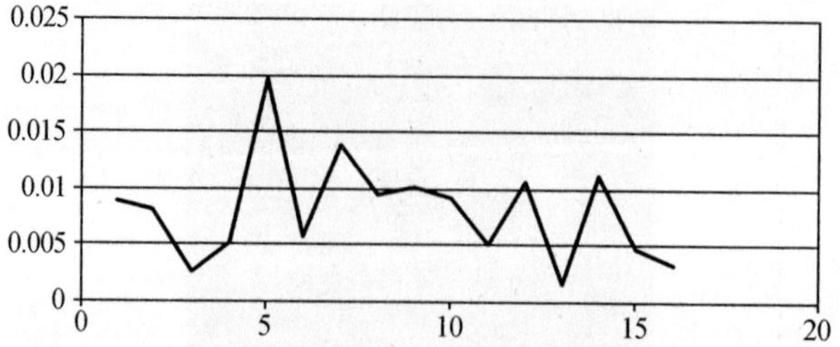

图 4.24　机器鱼头部和机器鱼尾鳍碰撞恢复系数结果

复系数，可以得出，恢复系数随着碰撞点由机器鱼头部至尾部方向，在［0，1］区间内线性递减，测量得到机器鱼的鱼体长度（除去尾鳍部分）为300 mm，可以推出如下的结论：

机器鱼 A 的固定位置碰撞机器鱼 B 的不同位置时，设 B 鱼头部到碰撞作用点的距离为 l_b，鱼处于摆直状态下的鱼体总长度（除去尾鳍部分）为 l，两条机器鱼鱼头相碰的恢复系数为 μ，那么与机器鱼 B 碰撞的恢复系数

$$C_r = \left(1 - \frac{l_b}{l}\right) * \mu \tag{4.17}$$

以此类推，当两条机器鱼的不同部位发生碰撞时，恢复系数为

$$C_r = \left(1 - \frac{l_a + l_b}{2l}\right) * \mu \tag{4.18}$$

综上所述，可以得到机器鱼二维仿真平台中各个物体间碰撞的恢复系数，见表 4.3。

表 4.3　恢复系数表

	机器鱼	水球	障碍物	边界
机器鱼	$0.05 * \left(1 - \frac{l_a + l_b}{2l}\right)$	$0.05 * \left(1 - \frac{l_a}{l}\right)$	$0.03 * \left(1 - \frac{l_a}{l}\right)$	$0.03 * \left(1 - \frac{l_a}{l}\right)$
水球	$0.05 * \left(1 - \frac{l_a}{l}\right)$	0.05	0.1	0.01

2. 响应分析

如图 4.25 所示，两个多边形发生碰撞，从碰撞检测结果中可以得到碰撞

作用点、碰撞作用法线等信息。图中的 $\boldsymbol{v}_a$ 和 $\boldsymbol{v}_b$ 分别是两物体的速度矢量，它们的角速度值分别为 w_a，w_b。

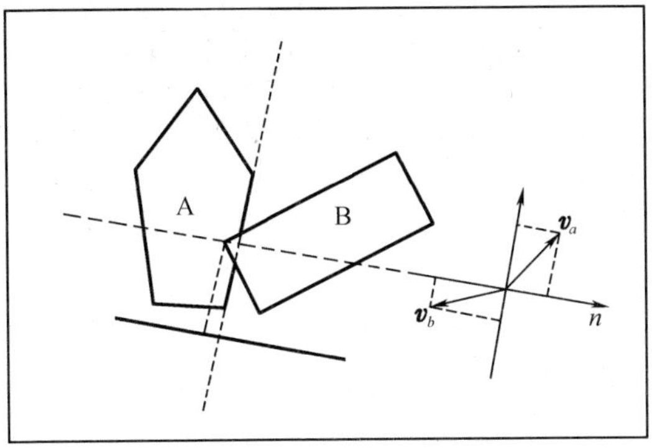

图 4.25　碰撞响应速度分解示意图

（1）速度碰撞响应

在法线方向上分解 $\boldsymbol{v}_a$、$\boldsymbol{v}_b$，得到法线上的分量为 v_{an}、v_{bn}，切线方向上的分量为 v_{at}、v_{bt}。可以根据动量守恒定律和恢复系数得到如下的方程组（4.19），其中两物体的质量分别为 m_a 和 m_b。

$$\begin{cases} m_a v_{an} + m_b v_{bn} = m_a v'_{an} + m_b v'_{bn} \\ C_r = \dfrac{v'_{bn} - v'_{an}}{v_{an} - v_{bn}} \end{cases} \tag{4.19}$$

由上式可以计算出碰撞响应后法线方向上的速度分量 v'_{an}、v'_{bn}，再与 v_{at}、v_{bt}分量合成得到最后的速度值 v'_a、v'_b。

（2）角速度碰撞响应

仿真平台涉及的对象中，只有机器鱼有角速度，所以该部分只针对机器鱼进行讨论。依据动量矩定理，给出了质点系的动量矩与质点系受机械作用的冲量矩之间的关系。冲量矩的定义

$$I = \sum_{i=0}^{n} r_i I_i \tag{4.20}$$

其中，r_i 代表作用在质点 i 上的力矩，I_i 则是该质点所受内、外力的总和。那么，根据定义就可以得到质点系受到外力和内力作用的总冲量矩。在仿真平台的水环境中，各个物体间发生碰撞时，只有外力的作用，内力为零。根据物体

动量的变化，可以很容易地计算出外力作用下的冲量，而机器鱼的转动过程可以认为是围绕其质心进行的，所以作用力矩定义为，质心 O 到碰撞作用点 P 在相应鱼体头尾轴 l 上投影点的距离 d，如图 4.26 所示。

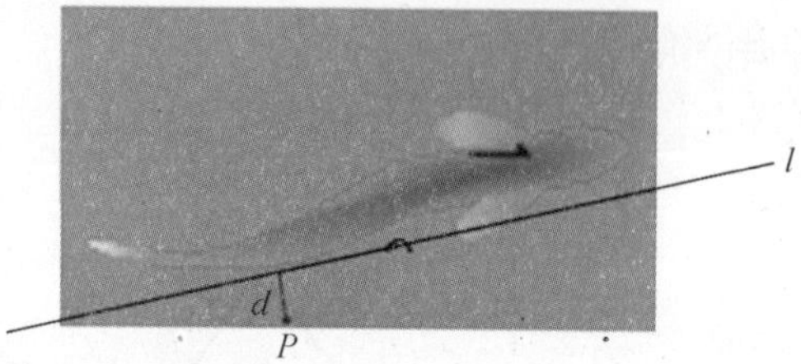

图 4.26　力矩示意图

依据动量矩定理，机器鱼的动量矩变化 ΔL 与冲量矩 I 相同，即

$$\Delta L = \Delta WJ = I \tag{4.21}$$

其中，ΔW 为角速度变化值，规定顺时针方向为正，角度范围是 $[-\pi/2, \pi/2)$；J 是转动惯量，因为机器鱼的质心在头尾轴的中心，且质量分布均匀，所以转动惯量的定义如下

$$J = \sum M_i \rho_i^2 = \frac{1}{12} ml^2 \tag{4.22}$$

由上述过程，可以得出角速度的变化 ΔW 为

$$\Delta W = \frac{(mv' - mv)d}{\frac{1}{12} ml^2} \tag{4.23}$$

4.4.3　瞬时响应阶段

由上一小节的分析结果，可以得到碰撞作用后的速度值和角速度值，那么由碰撞引起的速度以及角速度变化不会立即消除，而是随着水的阻力作用，逐渐消失。但是，由于此过程十分复杂，受到水波、水流等的影响，而且发生时间较短（不超过仿真周期的十分之一），所以不会对碰撞响应效果造成关键性的影响，所以本书采用简化模式，将速度的改变转换为位移，将角速度的改变转换为鱼体朝向的变化，因为其作用时间较短，所以作用时间取值为 0.01 s。

4.5　碰撞模拟的实现与结果

本书将针对前文总结的碰撞检测方法，分别对仿真平台中涉及的对象——

进行实验结果分析。由 4. 3 节可知，主要的碰撞检测算法有三种——边界检测、离散检测和连续检测。其中，边界检测包括：边界和机器鱼的检测、边界和水球的检测；离散检测包括水球之间的检测、水球和障碍物的检测；连续检测包括：机器鱼和障碍物的检测、水球和机器鱼的检测、机器鱼之间的检测。以下结果均以仿真周期的增加（即时间递减），并用截取平台运行图片的方式来展现碰撞前、后以及碰撞发生时各物体间的状态。

1. 边界检测

（1）机器鱼与边界检测（如图 4. 27 所示）

（2）水球与边界检测（如图 4. 28 所示）

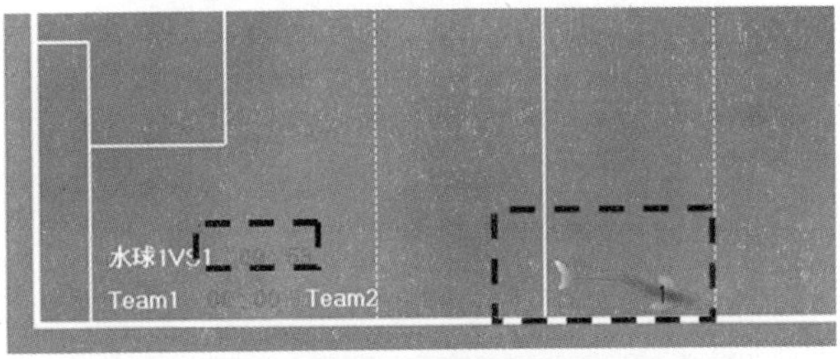

(a)

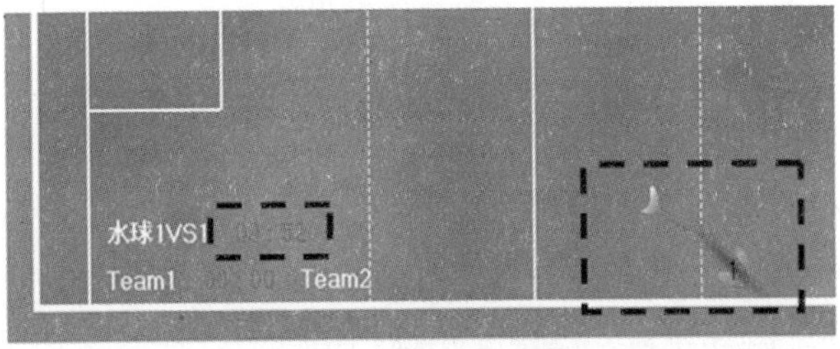

(b)

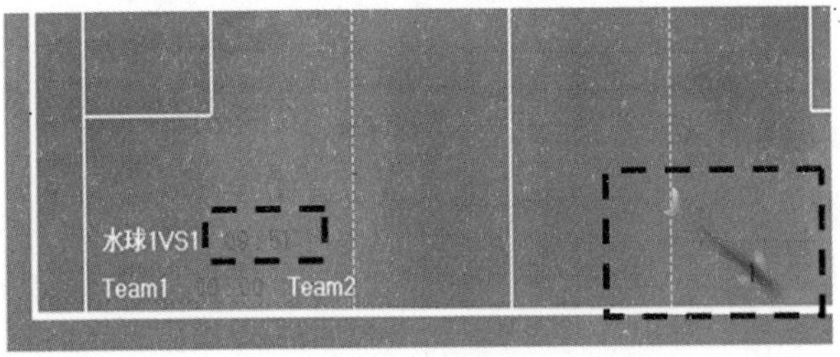

(c)

图 4. 27　机器鱼和边界的碰撞结果

（a）碰撞前；（b）碰撞中；（c）碰撞后

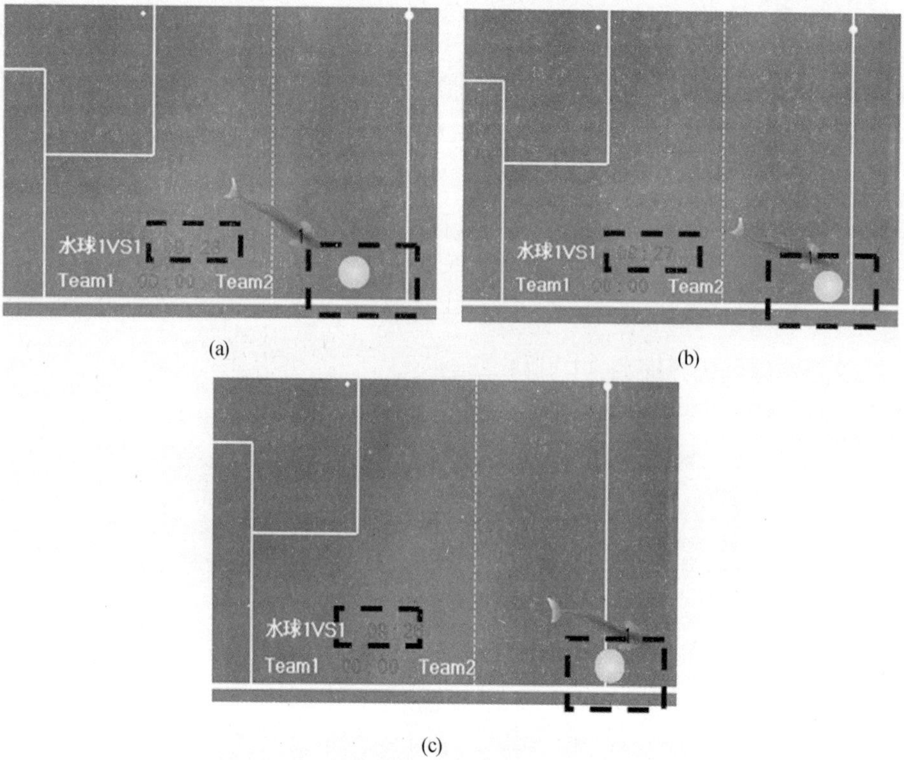

图 4.28　水球与边界的碰撞结果

（a）碰撞前；（b）碰撞中；（c）碰撞后

从上面的实验结果可以看出，机器鱼和水球与边界均完成了碰撞检测，并且碰撞后各物体的运动和真实场景下的情况相符。

2. 离散检测

（1）水球之间的检测（如图 4.29 所示）

（2）水球和障碍物的检测（如图 4.30 所示）

从以上结果可以看出，运用离散检测对水球间的碰撞以及水球和障碍物的碰撞进行处理，均可以满足需求，和真实场景下的碰撞情况相符。

3. 连续检测

（1）机器鱼和障碍物的检测（如图 4.31 所示）

（2）机器鱼和水球的检测（如图 4.32 所示）

（3）机器鱼之间的检测（如图 4.33、图 4.34 所示）

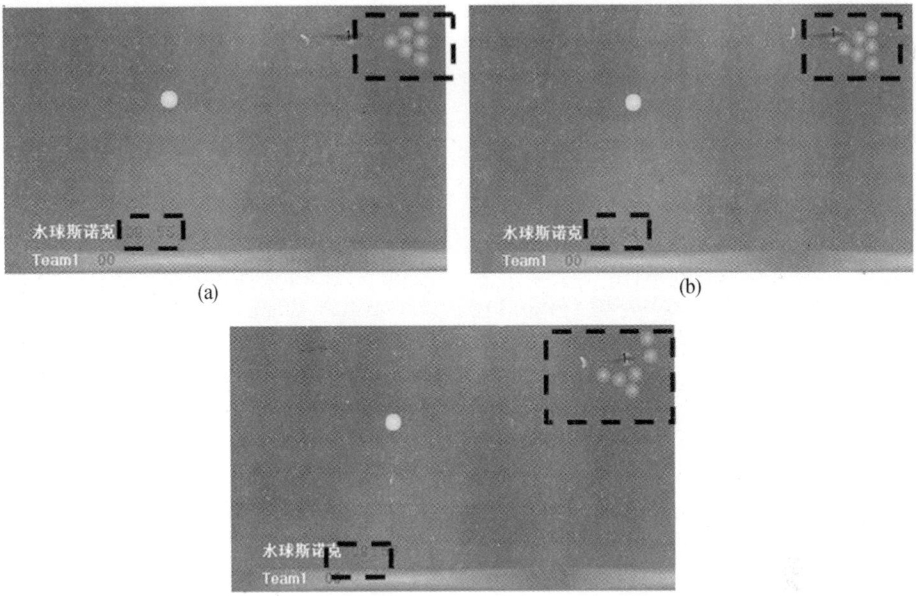

(a) (b) (c)

图 4.29　水球之间的碰撞结果

（a）碰撞前；（b）碰撞中；（c）碰撞后

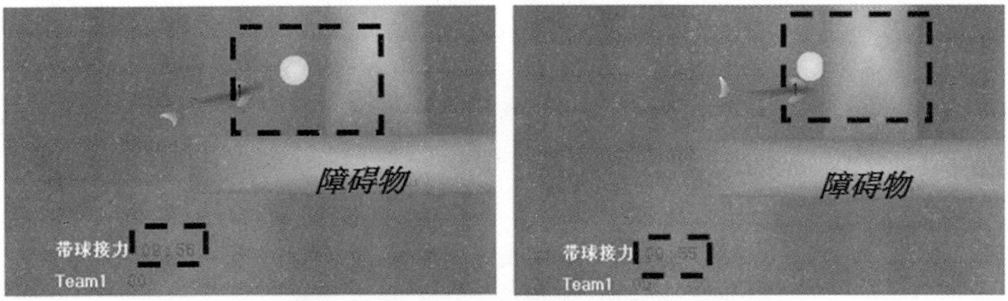

(a) (b)

图 4.30　水球和障碍物的碰撞结果

（a）碰撞前；（b）碰撞后

由上述结果可以看出，机器鱼间、机器鱼与水球间的碰撞，在运用连续碰撞检测后，可以精确地检测到鱼头、鱼身以及鱼尾的碰撞，实现了较好的碰撞模拟。

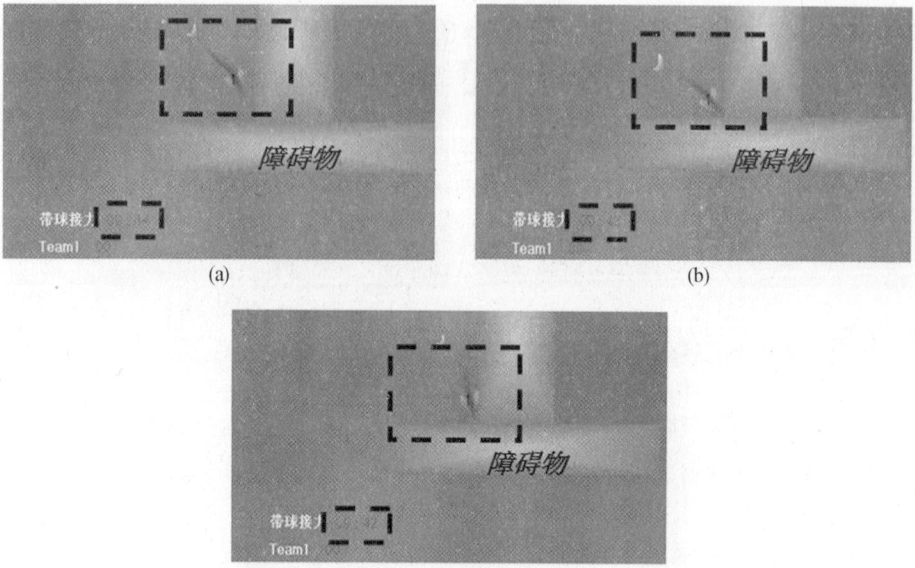

(a) (b) (c)

图 4.31　机器鱼和障碍物的碰撞结果

（a）碰撞前；（b）碰撞中；（c）碰撞后

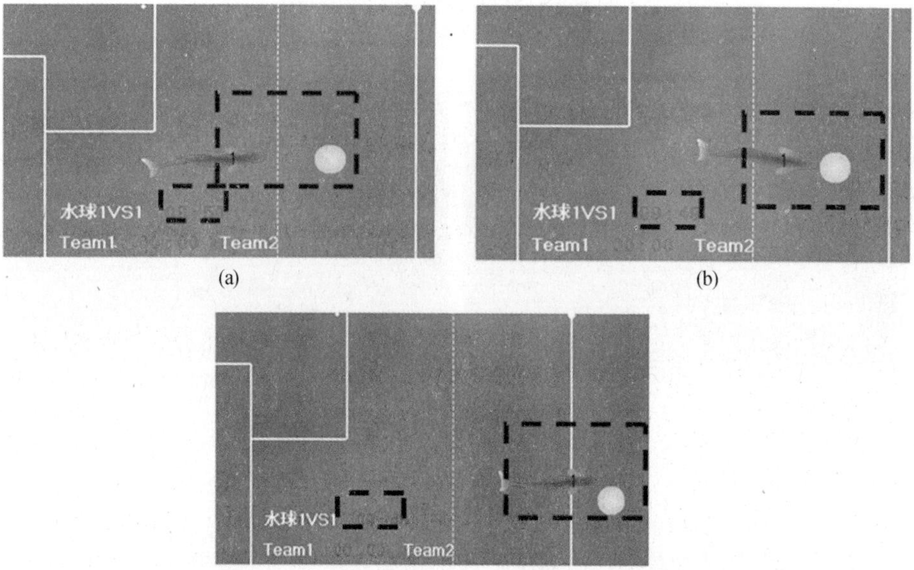

(a) (b) (c)

图 4.32　机器鱼和水球的碰撞结果

（a）碰撞前；（b）碰撞中；（c）碰撞后

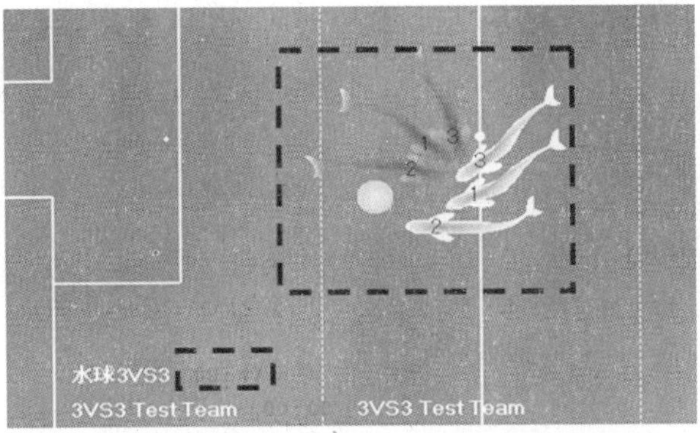

(a)

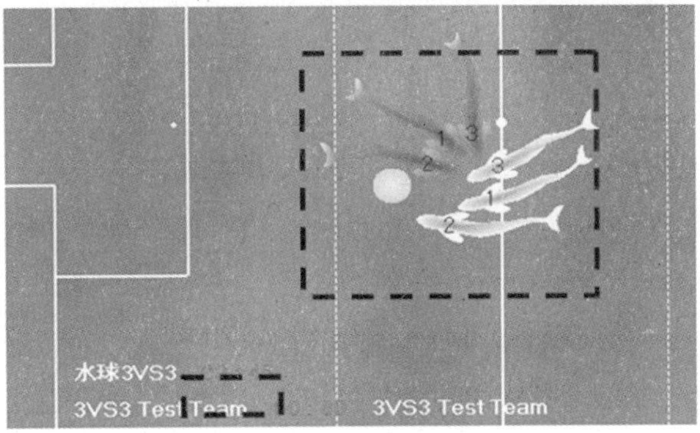

(b)

图 4.33　机器鱼之间的碰撞结果一

（a）碰撞前；（b）碰撞后

(a)

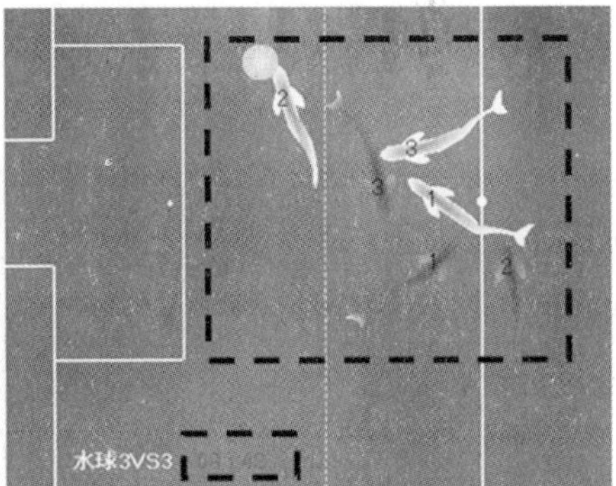

(b)

图 4.34　机器鱼之间的碰撞结果二

（a）碰撞前；（b）碰撞后

思考与练习题

1. 本书采用了哪种碰撞建模方法？采用了哪种机器鱼建模方法？
2. 简述连续碰撞检测中采用的二分法原理。

第 5 章　仿真机器鱼的伪 3D 绘制

近年来，通过仿真建立稳定的虚拟环境和实体模型，并在模型基础上构建灵活多变的应用系统已成为科研开发的重要手段。其中，二维的仿真平台以其易构性和鲁棒性被普遍采用。但是二维平台因其二维数据的先天缺陷，无法展现出纯三维的视觉效果；并且传统的 2D 图形拼接绘制技术，产生的刚体裂隙会使碰撞处理中出现穿越现象。

5.1　问题描述

URWPGSim2D 仿真平台基于 Microsoft Robotics Studio（MSRS）设计并实现，可使用二维数据指令控制鱼体的动态位姿、并支持实体的碰撞处理等。

URWPGSim2D 仿真平台 1.0 采用传统的图形拼接方法绘制鱼体。比如仿真鱼尾部的绘制，首先将其分为三个关节，每个关节用一个梯形表示，3 个梯形依次变小。同时为了减小拼接缝隙，相邻梯形间又添加了半圆。尽管 3 个梯形相互独立，并可以模拟尾部的扭转曲线，却使得关节结合处出现缝隙，影响物理层的碰撞处理，发生穿越等失真现象，如图 5.1 所示。

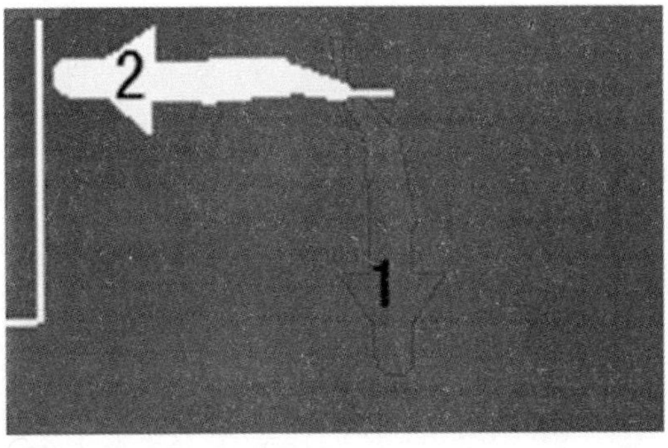

图 5.1　URWPGSim2D 仿真平台 1.0 版鱼尾穿越

图5.2为URWPGSim2D仿真平台1.0版本中鱼尾部分关节在色彩填充前的绘制图示，即若干个梯形的拼接，为减小拼接缝隙，相邻梯形间又添加了半圆。

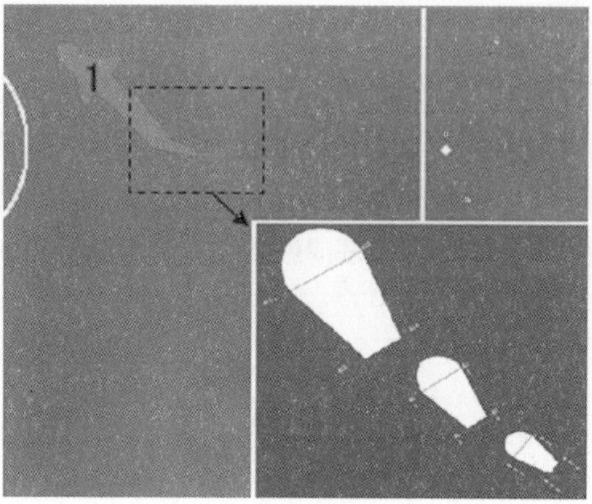

图5.2　URWPGSim2D仿真平台1.0版鱼尾关节模型

总起来讲，URWPGSim2D仿真平台1.0版本中存在的问题有：

（1）机器鱼模型粗糙，多关节的绘制缺乏独立性，导致鱼体不够精细，视觉真实性差。

（2）绝大多数平台的模型绘制和碰撞处理只是针对由凸边形构成的刚体，像鱼体这种摆动时产生柔性曲线的对象模型的绘制和碰撞处理尚不完善。

（3）鱼体的绘制采用离散的图形拼接，致使碰撞检测不完善，出现穿越现象。图形拼接的方法，也使鱼体的体线如胸鳍部分，棱角分明，无法逼真地模拟现实中具有柔和体线的鱼体。

（4）URWPGSim2D仿真平台1.0版本中的障碍物都是固定的，和鱼或球发生碰撞后依旧不变，使得策略只需编写单纯的绕路算法，过于简单。

（5）鱼尾摆动依赖于连续的仿真周期，当平台丢帧时会使后续摆动不平滑。

（6）鱼体的体色，URWPGSim2D仿真平台1.0版本采用单色渲染，缺乏立体感。

（7）尾鳍是最能展现鱼体运动特性的关节，原鱼体模型中的尾鳍始终是一条直线，与现实中动态变化的尾鳍不符。

对此，结合 URWPGSim2D 仿真平台 1.0 版，本书提出一种伪 3D 绘制技术。基于统分结合的思想，先对鱼体按关节进行柔性体建模，后进行关节整合，然后通过 GDI + 技术，绘制出具有柔性体线的鱼体。进一步提出相位变换的方法，绘制出复杂多变的尾鳍，从而在 2D 平台上实现了伪 3D 的鱼体展现。该结果也在全国水中机器人比赛中得到采用。

柔性体建模是指用动态的柔和曲线绘制鱼体边缘，以此替代原来刚体建模的图形拼接，消除了图形间的缝隙，一次性优化了碰撞处理和鱼的体线展现。

现实中，物体色彩的层次变化和运动中的形态变化，让人产生了立体感和动感，所以，本书用 GDI + 的动态色彩填充和 bezier 曲线，实现了运动中色彩的层次变化和形状改变。

相位变换是具有周期性的拉伸变换，而循环摆动的鱼尾在人眼中的投影正好符合此特性，所以可以用来解决鱼尾的立体视觉问题。

5.2 伪 3D 鱼体绘制方案

整个鱼体的绘制流程如图 5.3 所示，下面依次详细介绍其中的几个重要环节。

5.2.1 鱼体分关节建模及动态坐标点计算

首先将整个鱼体按面向对象的思想，划分为多个关节，分别建模。每个关节模型除了具备自身颜色、角度等属性外，又与一个点集对应。利用这些点可以进行图形绘制和碰撞处理。

这些点大部分位于鱼体的轮廓上，也有的位于各关节的中心。对平台的绘制模块而言，系统只提供鱼体各关节的长度、鱼体中心点（FishPosition）的坐标、鱼体朝向（Fishdirection）和鱼尾（FishTail 1 –3）三个关节的摆动幅度等参数，其他点的坐标都是通过它们计算而得。

已知参数如图 5.4 所示，要计算未知的鱼头点坐标，可用以下算式：

FishHead. X = FishPosition. X + BodyLength * Cos(Fishdirection)

FishHead. Y = FishPosition. Y + BodyLength * Sin(Fishdirection)

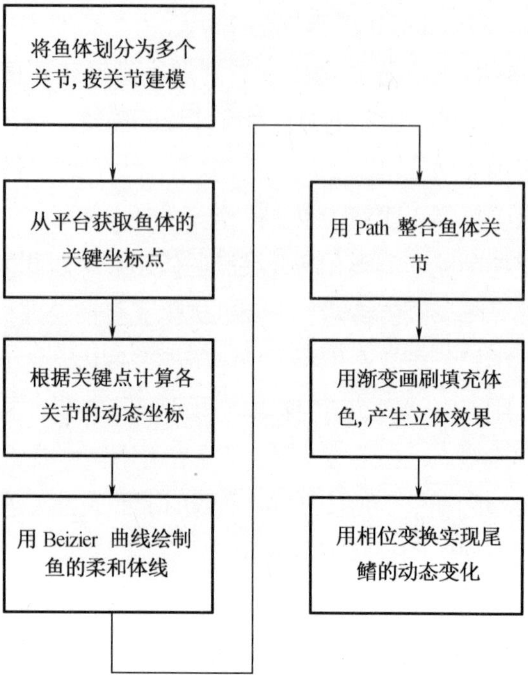

图 5.3　鱼体绘制流程图

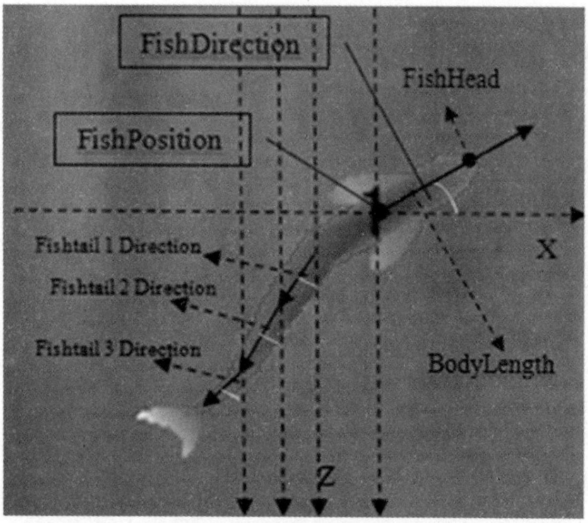

图 5.4　鱼体已知参数

5.2.2 用 Bezier 曲线绘制鱼的柔和体线

Bezier 曲线又称贝塞尔样条，是由四个点指定的曲线：两个端点（p_1 和 p_2）和两个控制点（c_1 和 c_2），曲线开始于 p_1，结束于 p_2。该曲线不经过控制点，但是控制点的作用像磁铁一样，在某些方向上拉拽曲线并影响曲线弯曲的方式，鱼的胸鳍便是用 Bezier 曲线绘制。

如图 5.5 所示，点 1 和点 4 为胸鳍的始末端点，位于曲线上，而点 2 和点 3 为曲线的控制点，在胸鳍外部。

这样绘制出的胸鳍与实体仿真机器鱼的鱼鳍投影相一致，更加逼真和美观。

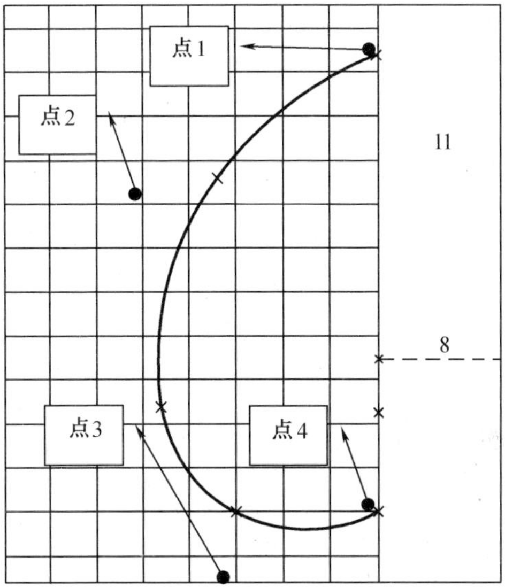

图 5.5　左侧胸鳍

5.2.3 用 Path 整合关节

由于前面将鱼体划分为多个关节，在整体绘制时，为了消除关节间的缝隙和实现关节间的平滑过渡，需要用 Path 将鱼体关节进行整合。

在 GDI + 中，绘图工作由 Graphics 对象来完成，可以创建几个与 Graphics 分开的 Path 对象，在绘图操作时，Path 对象并不会被破坏，这样就可以将多个关节的路径（或者说是关节轮廓）组合起来使用。

每一个关节都用一个独立的 path 存储，代码命名为 pathLeftFin，pathHead，pathBody 等，当绘制整个鱼体时，将各关节用 pathAll 组合起来。如：

```
pathAll. AddPath(pathLeftFin);//添加左胸
pathAll. AddPath(pathHead);//添加鱼头
```

5.2.4 渐变画刷填充产生立体效果

实现 3D 视觉效果，色彩的变化尤为重要。URWPGSim2D 仿真平台 1.0 鱼体色彩单一，缺乏立体感。对此，采用 GDI + 中的渐变画刷，进行多色渐变的色彩渲染。

GDI + 允许用户创建一个沿路径渐变的画刷（PathGradientBrush）或线性渐变（LinearGradientBrush）的画刷，来填充 path。可以通过这种有层次的色彩过渡来模拟现实中的立体光影效果。

通过研究，为了理想的立体染色效果，可将鱼体分为 4 个染色区域。分为鱼身（包括鱼头和鱼体），左胸鳍，右胸鳍，尾鳍。

这里假设的虚拟视角为下方 60 度俯视，灯光位置为垂直向下。在这样的情况下，鱼的背脊通常是色彩最深的。因此，鱼身采用路径渐变的画刷，从鱼脊到两侧渐变。这里为了突出立体效果，渐变画刷的起始颜色固定为黑色，即鱼脊是黑色的，终结颜色可以由用户自定义。

而鱼的胸鳍和尾鳍，其色彩变化的特点是从上到下、由深到浅的渐变。因此，使用线性渐变的画刷进行染色。为了突出效果，渐变的终结色设为白色，起始色可以由用户自定义，与鱼体正好相反。

5.2.5 尾鳍的伪 3D 视觉效果处理

用固定的视角观察现实中的鱼体运动，新月形的尾鳍随着鱼体尾部的摆动，在视界中投影出不同的形态。这是伪 3D 鱼体最醒目也是最复杂的地方。

随着鱼体的转动，尾鳍的方向变化可以是 360 度连续的，但因为平台是仿真平台，只能用尽可能精密的离散值来模拟连续的动态变化，当这些离散值的密度和频率达到一定程度时，人眼是无法分辨其间断处的。结合平台的刷新率，每隔 5 度划分一个尾鳍状态，所以，共有尾鳍状态：360/5 = 72 个。这里设初始状态，即初始朝向为 0 度。

尾鳍的变化是连续的，但两个相邻的不同状态间的关系只有两种，即左转或右转，分别用字母 l 和 r 表示。

用状态空间法建模：

$$A=(Q,\ \Sigma,\ \delta,\ s,\ F)$$

其中，

$Q=\{S_1,\ S_2,\ S_3,\ \cdots,\ S_{72}\}$；

$\Sigma=\{l,\ r\}$；

$\delta(S_i,\ l)=S_{i-1}$；

$\delta(S_i,\ r)=S_{i+1}$；

$s=S_1$；

$F=Q$；

这里，Q 为有穷状态集合；S 为某一角度下的鱼体状态，S_1 至 S_{72} 以 5 度角顺时针递增；Σ 为输入集，l 代表左转 5 度，r 代表右转 5 度；δ 为转移函数，当鱼由 S_i 左转 5 度，变化为前一个状态 S_{i-1}，右转同理；s 为初始状态，即 S_1，为 0 度角；当比赛结束时，尾鳍可能处于任一个角度，所以终止状态集 $F=Q$。

通过实验，截取尾鳍左转时由 S_1 至 S_{18} 的投影图像，如图 5.6 所示。

图 5.6　左转时尾鳍视觉投影

若使代表某状态的圆的半径正比于该状态下尾鳍的宽度，双线圆代表最大半径，粗线的小圆代表最小半径，其状态转换图如图 5.7 所示。

为了将问题的焦点集中在状态的变化上，省略了空输入，即保持原状态不变，直游的情况。

尾鳍的轮廓绘制方法和染色方法已确定采用上面介绍的 GDI + 技术，故实现尾鳍的视觉变换的关键是动态计算尾鳍的点集，以给 GDI + 绘制函数提供参数。在鱼体朝向 0 度时，各点位分布如图 5.8 所示。其中，MaxDistance 表示各点与偏离轴的最大距离。

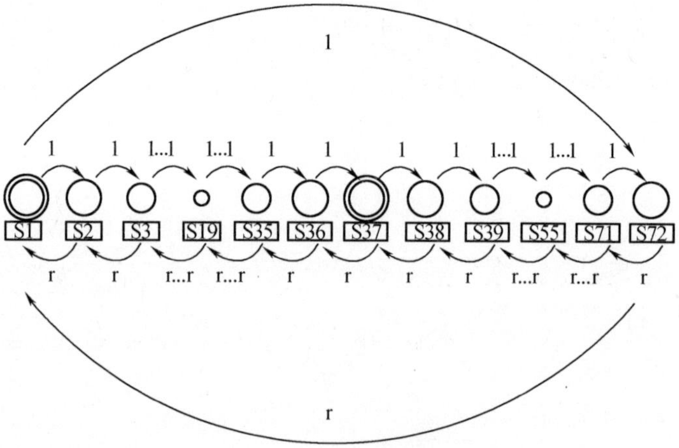

图 5.7　尾鳍状态转换图

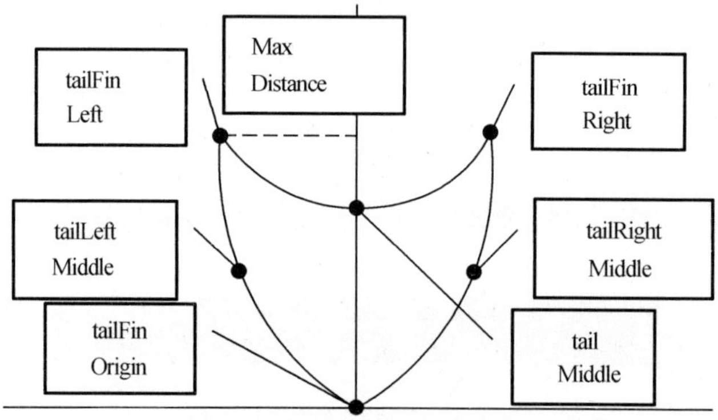

图 5.8　尾鳍点位图

根据图 5.7 和图 5.8，观察出鱼尾摆动时，随着尾鳍朝向顺时针不断变化，其点集（如图 5.10 所示）相对于尾鳍中轴的偏离距离呈现一定的规律性。如尾鳍处于 S_1 时，尾鳍各点与偏离轴的距离（即尾鳍宽度）最大，呈现的月牙最饱满；而尾鳍处于 S_{19} 时，各点与偏离轴重合，尾鳍的观测形状是一条直线。接下来观察尾鳍状态由 S_{19} 至 S_{36} 的变化，其变化规律刚好与前 18 个状态相反，尾鳍的宽度由最小变到最大。同理观察剩余的 36 个状态，得出规律，可以将尾鳍的共 72 个状态划分为 4 组，每组 18 个状态，每组转角为

90 度。

在坐标系中映射角度和尾鳍宽度的关系，如图 5.9 所示。

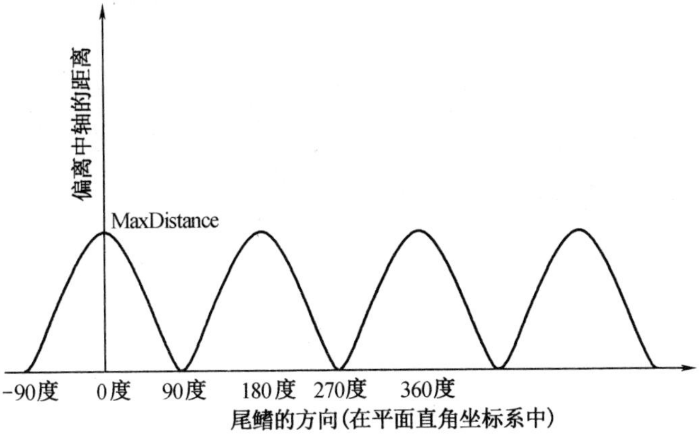

图 5.9　尾鳍各点偏离距离与鱼尾鳍方向的映射图

研究图 5.9 中的曲线规律，可知其是周期为 π，峰值为 MaxDistance 的三角函数。根据三角函数公式：

$$Y = A\sin(\omega x + \phi) \tag{5.1}$$

将变量带入式子（5.1）得

$$Y = MaxDistance * |\sin(x + \pi/2)| \tag{5.2}$$

（2）式子化简即

$$Y = MaxDistance * |\cos(x)| \tag{5.3}$$

所以，为了实现尾鳍的相位变换，在计算尾鳍的各点位时，需要乘以一个协变参数 $|\cos\theta|$，其中，θ 为尾鳍的方向角。得到公式：

$$TailWidth = MaxDistance * |\cos\theta| \tag{5.4}$$

不论尾鳍怎么摆动，各点在尾鳍中轴线上的投影是不变的。如图 5.10 所示，右端点 tailFinRight 在中轴线上的投影点固定为 tailAxis。tailFinRight 与 tailAxis 的距离为 distance。只要根据尾鳍方向，给定不同的 distance，就能通过固定点 tailAxis 计算出连续变化的 tailFinRight 的坐标。而 distance 可以由 MaxDistance 乘以协变参数 $|\cos\theta|$ 获得。这样，就实现了尾鳍摆动时的连续相位变换。

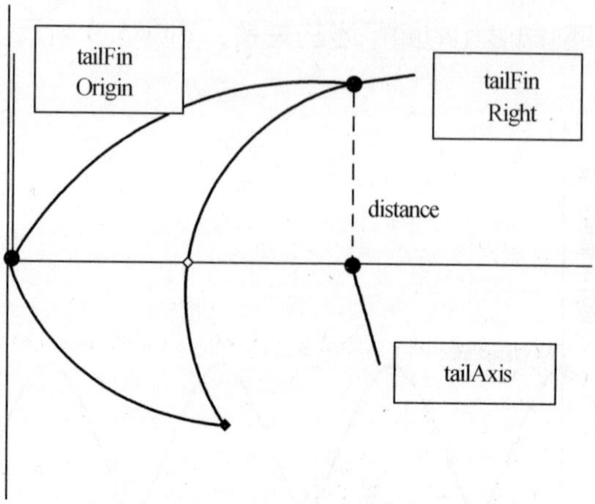

图 5.10　尾鳍右端点的坐标计算示意图

5.3　鱼体建模

利用面向对象的思想，将鱼体划分为头部、躯干、三个鱼尾关节，左右胸鳍、尾鳍，每个关节的边缘曲线单独绘制，同时，利用关节间的结合点又将不同的关节连接为整个无缝的鱼体。

5.3.1　测试用案例中的鱼体点位图

为了方便测试，先独立建立了一个测试工程，用来调教鱼体模型。图 5.11 中标出的点位单位是像素，其具体坐标的意义不大，主要是为了抽取鱼体各部位的尺寸比例和点位之间的角度关系，以便于移植到其他平台。

鱼体参数如下。

鱼体前端矩形：（单位：mm）

长：150 ~ 160

宽：44

鱼头三角形：

底边：44

高：30 ~ 20（和前端矩形长耦合，二者之和为 180）

三个关节长依次为：70，54，54

三个关节底边依次为：44，x（18 < = x < = 42），y（16 < = y < = x - 2），z（6 < = z < = y - 2）

尾鳍：

长：54

底边：z（鱼体关节底边定义中的 z 和 x，y 关联定义，可动态变化）

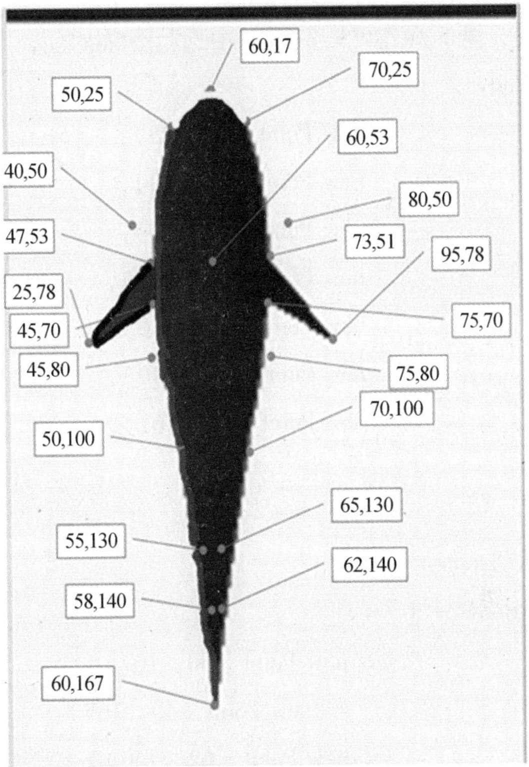

图 5.11 鱼体点位图

5.3.2 鱼体坐标组

1. 头部

头部为一弧形曲线，由三点确定：

```
Point [] head = {
                new Point (70, 25),
                new Point (60, 17),
                new Point (50, 25),
            };
```

2. 左侧体线

该体线采用 bezier 曲线绘制，分为两段 bezier 曲线。前 4 个点为第一段，后 4 个点为第二段，第 5 点为两段曲线共用的连接点。

```
Point [] leftBody = {
                new Point (50, 25),
                new Point (40, 50),
                new Point (45, 80),
                new Point (50, 100),
                new Point (55, 130),
                new Point (58, 140),
                new Point (60, 167),
            };
```

3. 右侧体线

类似于左侧体线的绘制。

```
Point [] rightBody = {
                new Point (60, 167),
                // new Point (40, 165),
                new Point (62, 140),
                new Point (65, 130),
                new Point (70, 100),
                new Point (75, 80),
                new Point (80, 50),
                new Point (70, 25),
            };
```

4. 左侧鱼鳍

采用一段 bezier 曲线绘制。

```
Point [] leftFin = {
                    new Point (45, 70),
                    new Point (25, 78),
                    new Point (47, 53)
                };
```

5. 右侧鱼鳍

采用一段 bezier 曲线绘制。

```
Point [] rightFin = {
                    new Point (75, 70),
                    new Point (95, 78),
                    new Point (73, 51)
                };
```

这里，由于尾鳍的绘制比较复杂，将其提取到后面的绘制技术章节，结合程序代码单独介绍。

5.4 动态坐标点计算

如上所述，将鱼体分为鱼头，鱼身，左鱼鳍，右鱼鳍，三个鱼尾关节和尾鳍。每个关节都有其中心点。而每个关节中，各个构图点相对于关节中心点的角度和距离是固定的，该距离和角度是在鱼体建模时确定的，计算时取常数。因此只要获得关节朝向和关节中心点的距离，就可求得各构图点的坐标。

在每个周期内，首先获得平台提供的鱼心坐标和鱼体朝向，由此得出三个鱼尾关节的摆动角度。

鱼头和鱼身角度固定，根据角度和鱼心坐标算出相关构图点。如图 5.12 所示的线条 A 和线条 B 的角度，线条 B 的长度是固定的，为已知量，只要我们得到线条 A 的方向（即鱼体朝向）和鱼心坐标，就可求得鱼头右侧顶点的坐标。

鱼鳍类似于三角形，其中两点在鱼身上固定不变，只要根据鱼体的角速度

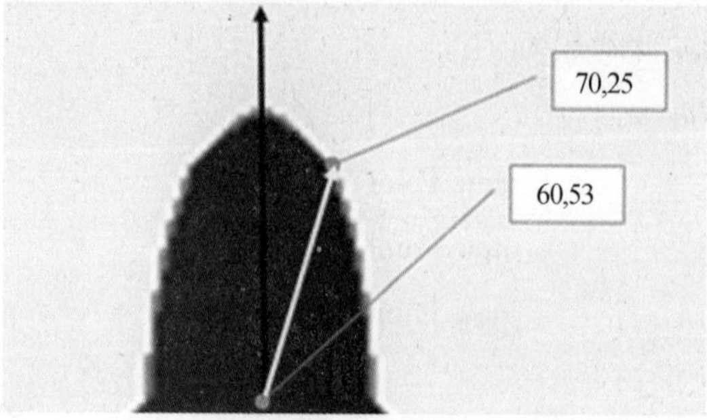

图 5.12　鱼头点位图

算出第三点的偏转角度即可。左鱼鳍偏转角度 =（鱼的角速度挡位 - 7）$*a$；其中参数 a 为待调优的某个常数。右鱼鳍加个负号。

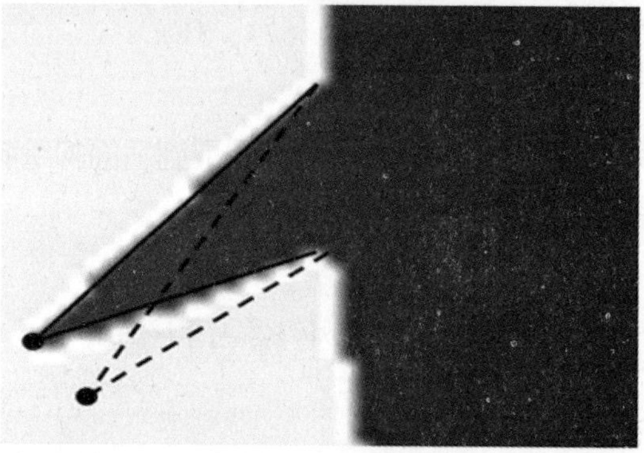

图 5.13　左胸鳍点位图

鱼尾分为三个关节，每个关节相对于鱼体朝向有其特有的偏转角度。每个关节都类似于一个梯形。先求出这个梯形的中心点，然后根据各关节构图点相对于该点的距离和角度，算出各点的坐标。如图 5.14 所示，已知中间箭头方向为该鱼尾关节的朝向，还有梯形中心点坐标、左侧倾斜箭头的角度也均为已知，可求得 Bezier 曲线的一个控制点 a 的坐标。为了实现鱼转弯时，鱼尾内外两侧的张弛效果，该控制点的坐标要加上一个偏移量：

偏移量 =（鱼尾关节朝向 - 鱼体朝向）$*y$；

其中 y 为待调优的常量参数。

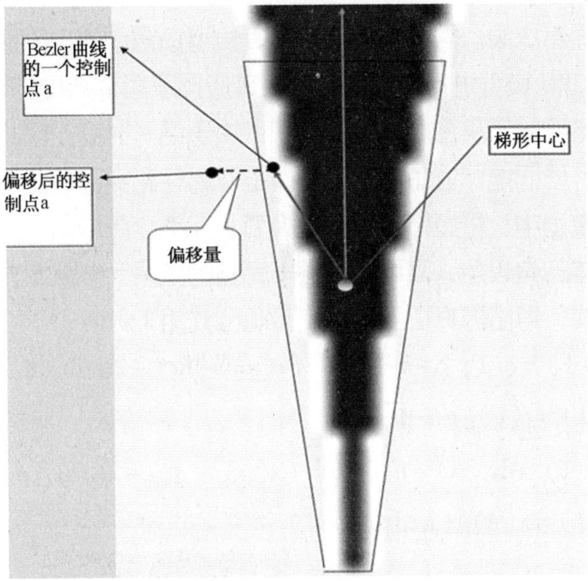

图 5.14　尾部关节点位图

5.5　CPG 运动学模型

在动态坐标点计算中，为了使鱼尾三个关节摆动得更加平滑，必须优化三个关节偏转角的计算方法。

中枢模式发生器（Central Pattern Generator）是一种模拟生物低级神经中枢的自激行为引起自发节律性运动的控制方法。CPG 能实现众多器官的节律运动（如胃肠蠕动、呼吸运动、肢体运动等）的控制。它可以减少脑部的工作量，节约脑部的时间，从而使其能处理其他更为复杂的情况。CPG 能够在缺乏高层控制信号和外部反馈的情况下，自动产生稳定的振荡行为，而高层信号和外部反馈可对 CPG 起到调节及稳定作用。

CPG 的振荡行为可以与外部输入信号耦合，输出取决于输入信号的幅值、频率、多个输入之间的相位关系。由于各神经元之间的突触连接具有可塑性，CPG 神经电路表现出多种行为模式，通过动态调节 CPG 网络的连接权重，改变 CPG 网络的输出模式，可以产生广泛的生物行为。

在实体仿真领域，用电脉冲信号替代神经电路的 CPG 模型已得到广泛应用，并取得了显著成果。为了实现虚拟仿真机器鱼摆动的平滑性，这里对北大实体机器鱼的 CPG 模型进行了改造，并将其应用于鱼体游动的运动学计算中，使得鱼体摆动不依赖于平台周期数，而只取决于绝对时间。因此，即使平台出现丢帧现象时，依旧能保证鱼体后续动作的可靠性和实时性。

本书鱼体模型中，将鱼尾分为三个关节。在某个周期中，只要知道这三个关节相对于鱼体的偏转角，就可以绘制出完整的鱼尾。参照北大实体机器鱼的偏转角计算公式，得出仿真机器鱼的偏转角公式如下：

$$\begin{cases} \mathrm{d}r_i(n+1)=\mathrm{d}r_i(n)+h\cdot(-\alpha^2\cdot(r(n)_i-R_i)-2\alpha\cdot\mathrm{d}r_i(n)) \\ r_i(n+1)=r(n)_i+h\cdot\mathrm{d}r_i(n+1) \\ \mathrm{d}x_i(n+1)=\mathrm{d}x_i(n)+h\cdot(-\beta^2\cdot(x(n)_i-X_i)-2\beta\cdot\mathrm{d}x_i(n)) \\ x_i(n+1)=x(n)_i+h\cdot\mathrm{d}x_i(n+1) \\ \mathrm{d}\Phi_i(n+1)=\mathrm{d}\Phi_i(n)-h\cdot(\mu^2\cdot\sum_{j=1,j=i}^{N}(\Phi_i(n)-\Phi_j(n)-\varphi_{ji})+ \\ \qquad 2(N-1)\cdot\mu\cdot(\mathrm{d}\Phi_i(n)-2\pi\nu)) \\ \Phi_i(n+1)=\Phi_i(n)+h\cdot\mathrm{d}\Phi_i(n+1) \\ \theta_i(n+1)=r_i(n+1)+x_i(n+1)\cos(\Phi_i(n+1)) \end{cases}$$

其中，d 是微分符号；n 表示周期号码；r 表示摆动幅度；i 表示关节编号；h 为经验常数，通常取 0.02；R 表示限定的最大摆动幅度；x 表示偏置角，即某个关节的摆动中轴相对于鱼体的角度；μ 表示经验参数，决定频率改变的响应速度；α 表示经验参数，决定振幅变化的时间值，参数越大响应时间越长；β 表示经验参数，决定偏置角变化的时间值，参数越大响应时间越长；Φ 表示计算 θ 的中间变量；θ 是最终所要求的偏转角。

根据此公式，只要知道第一个周期的设定值，就可以递推到第 n 个周期鱼尾的偏转角，所以，只要知道当前周期正确的编号，即使上一个周期的运算结果丢失，也可以重新推算出正确的偏转角。这样，即使平台出现丢帧现象，依旧能保证鱼体后续动作的可靠性和实时性，使摆动更加平滑。

而用原来的计算方法，每个周期的偏转角都要依赖于上一个周期的计算结果，如果平台出现丢帧现象，使得某个周期的计算结果丢失，鱼尾的偏转角将会复位为 0，重头开始计算，因此，会出现鱼尾摆动的跳跃现象。

5.6 绘制技术解析

本书鱼体绘制采用 . net 自带的 GDI + 函数库，主要用到技术有 bezier 曲线，Region 归并，渐变画刷着色等。

5.6.1 GDI + 中的 Bezier 线条

Region 归并、渐变画刷着色等技术在图形绘制中较为常见，这里主要讲解 Bezier 曲线的具体绘制方法。

给定四个关键点，便可以绘制一条 Bezier 曲线，其中有曲线的起点和终点（如 p_1，p_2），两个曲线外部的控制点（如 c_1 和 c_2）。控制点并不在曲线上，可是控制点会像磁铁一样，在所处位置吸引曲线产生形变。

如图 5.15 所示的 Bezier 曲线，其端点和控制点已标出，起点为 p_1，前半段曲线受 c_1 吸引，向上弯曲，值得注意的是，c_1 和 p_1 的连线就是该曲线在 p_1 处引出的切线。后半段受 c_2 吸引，向下弯曲，同样，c_2 和 p_2 的连线就是该曲线在 p_2 处引出的切线。

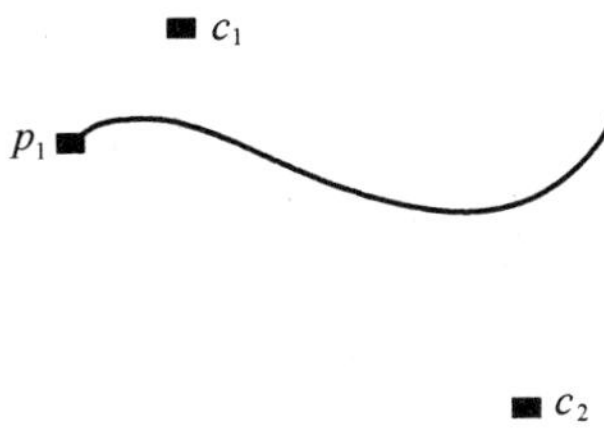

图 5.15 简单贝塞尔曲线示意图

用 GDI + 绘制 bezier 曲线，先要获取到 Graphics 类的实例以及 Pen 类。Graphics 类中定义了 DrawBezier 函数，而 Pen 类中含有设定的曲线参数，如色彩、宽窄。将 Pen 类的实例输入到 DrawBezier 函数。还要将曲线的起始点和控制点输入给 DrawBezier 方法。如图 5.16 所示，中绘制了一个 bezier 曲线：起点的坐标是（0，0）而两个控制点的坐标分别为（80，40）（1 600，300），终点的坐标为（200，20），函数引用的示例代码如下：

```
myGraphics. DrawBezier（myPen，0，0，80，40，160，300，200，20）;
```

图 5.16 中线 a 为曲线、方块点为四个关键点，线 b 和线 c 为在端点处引出的曲线的两条切线。

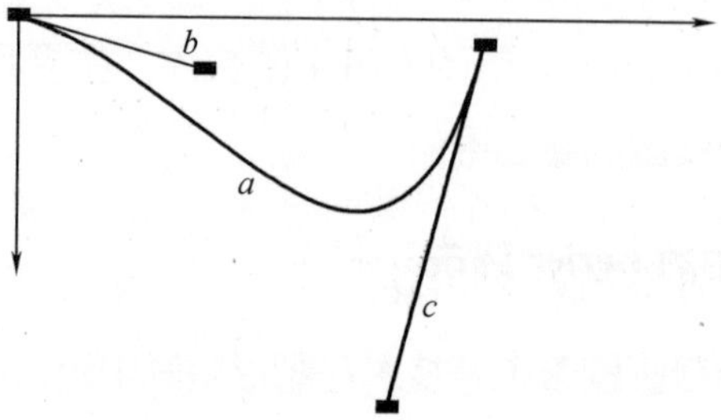

图 5.16　贝塞尔曲线及切线示意图

5.6.2　尾鳍建模

尾鳍是最能体现鱼体动态视觉效果的部位，月牙形的尾鳍在摆动中不断变换形状，与现实中的视角投影现象相对应。程序里先对尾鳍进行点位建模，如下所示，为后续的投影变换提供基础。

同时，由于顺时针和逆时针的相位变换规律正好相反，如同镜像一样，这里在程序实现中加入镜像变换，以模拟完整的投影变化。

```
//尾鳍左侧起点,与鱼尾第三个关节的左侧体线的末点是同一个点。
xna.Vector3 tailFinLeftStart;
//尾鳍右侧起点,与鱼尾第三个关节的右侧体线的末点是同一个点。
xna.Vector3 tailFinRightStart;
//尾鳍上顶点
xna.Vector3 tailFinLeft;
//尾鳍下顶点
xna.Vector3 tailFinRight;
//尾鳍上侧弧线的中点
xna.Vector3 tailFinLeftMiddle;
//尾鳍下侧弧线的中点
xna.Vector3 tailFinRightMiddle;
```

```
//利用关键点构建的左侧鱼尾轮廓
Point[] tailFinLeftArc = {
                        Vector3ToPoint(f. MmToPix(tailFinLeftStart)),
                        Vector3ToPoint(f. MmToPix(tailFinLeftMiddle)),
                        Vector3ToPoint(f. MmToPix(tailFinLeft))
                        };
//利用关键点构建的末端鱼尾轮廓
Point[] tailFinBackArc = {
                        Vector3ToPoint(f. MmToPix(tailFinLeft)),
                        Vector3ToPoint(f. MmToPix(tailFinMiddle)),
                        Vector3ToPoint(f. MmToPix(tailFinRight))
                        };
//利用关键点构建的右侧鱼尾轮廓
Point[] tailFinRightArc = {
                        Vector3ToPoint(f. MmToPix(tailFinRight)),
                        Vector3ToPoint(f. MmToPix(tailFinRightMiddle)),
                        Vector3ToPoint(f. MmToPix(tailFinRightStart))
                        };
//镜像参数设定,如朝右的鱼左顶点偏离轴线大,朝左的鱼右顶点偏离轴线
大,简单讲就是1、2对调,3、4对调
if(Math. Abs(tailAngle) > Math. PI/2)
{
//尾鳍上4个关键点到尾鳍中轴的距离
    distanceToAxis1;
    distanceToAxis2;
    distanceToAxis3;
    distanceToAxis4;
//每次变向,将关键点转置
    xna. Vector3 temp = tailAxis2;
    tailAxis2 = tailAxis1;
```

```
        tailAxis1 = temp;
        temp = tailAxis3;
        tailAxis3 = tailAxis4;
        tailAxis4 = temp;
    }
```

5.6.3 尾鳍和胸鳍的绘制

尾鳍的建模如上节所示，利用选好的点位数组，采用 GDI + 技术进行如下绘制。

```
#region 尾鳍绘制
GraphicsPath pathTailFin = new GraphicsPath();
//添加尾鳍上侧弧线,0.5f 为曲线的张力参数
pathTailFin.AddCurve(tailFinLeftArc,0.5f);
//添加尾鳍后侧弧线
pathTailFin.AddCurve(tailFinBackArc);
//添加尾鳍下侧弧线,0.5f 为曲线的张力参数
pathTailFin.AddCurve(tailFinRightArc,0.5f);
#endregion
#region 绘制左右胸鳍
//为消除鱼鳍和鱼体的缝隙,使鱼鳍的绘制点向鱼体内缩 4 mm
//生成新的路径,用来保存左侧鱼鳍
GraphicsPath pathLeftFin = new GraphicsPath();
//计算绘制左侧鱼鳍的 bezier 曲线的两个控制点
xna.Vector3 leftFinControl1 = new xna.Vector3((pointReal14.X + 100 *
halfSinTheta), 0,
        (pointReal14.Z - 100 * halfCosTheta));
xna.Vector3 leftFinControl2 = new xna.Vector3((pointReal7.X + 100 *
halfSinTheta/2), 0,
        (pointReal7.Z - 100 * halfCosTheta / 2));
```

```
//添加左侧鱼鳍
pathLeftFin.AddBezier(Vector3ToPoint(f.MmToPix(pointLeftFinOrigin)),
                      Vector3ToPoint(f.MmToPix(leftFinControl1)),
                      Vector3ToPoint(f.MmToPix(leftFinControl2)),
                      Vector3ToPoint(f.MmToPix(pointLeftFinEnd)));
//生成新的路径,用来保存右侧鱼鳍
GraphicsPath pathRightFin = new GraphicsPath();
//计算绘制右侧鱼鳍的 bezier 曲线的两个控制点
xna.Vector3 rightFinControl1 = new xna.Vector3((pointReal13.X - 100 * 
halfSinTheta), 0,
    (pointReal13.Z + 100 * halfCosTheta));
xna.Vector3 rightFinControl2 = new xna.Vector3((pointReal5.X - 100 * 
halfSinTheta/2), 0,
    (pointReal5.Z + 100 * halfCosTheta / 2));
//添加右侧鱼鳍
pathRightFin.AddBezier(Vector3ToPoint(f.MmToPix(pointRightFinOrigin)),
                       Vector3ToPoint(f.MmToPix(rightFinControl1)),
                       Vector3ToPoint(f.MmToPix(rightFinControl2)),
                       Vector3ToPoint(f.MmToPix(pointRightFinEnd)));
#endregion
```

5.6.4 鱼体色彩渲染

现实中,由于光影和视角的原因,即使鱼体只是一种颜色,在人眼中色彩也会发生由浅入深的渐变。为了模拟色彩的渐变效果,这里使用 GDI + 的线性渐变画刷对鱼体进行染色。

```
//将鱼体作为一个大的封闭的梭形 path 路径,这里的 path 不含鱼鳍
GraphicsPath path = new GraphicsPath();
        Pen mypen = new Pen(Color.Red);
        path.AddCurve(head);
        path.AddBeziers(leftBody);
```

```
        path. AddBeziers(rightBody);
    //生成颜色渐变的画刷
        LinearGradientBrush brush = new LinearGradientBrush(new Point(700,
800),new Point(850,800),Color. Red,Color. Black);
            //g. FillPath(brush,path);
    //生成新的路径,用来保存左侧鱼鳍
        GraphicsPath myPathLeft = new GraphicsPath();
    //用张度为0.3的曲线画出鱼鳍
        myPathLeft. AddCurve(leftFin,0.3f);
    //定义保存鱼体的区域
        Region r = new Region(path);
    //将左侧鱼鳍合并到鱼体区域
        r. Union(myPathLeft);
    //生成新的路径,用来保存右侧鱼鳍
        GraphicsPath myPathRight = new GraphicsPath();
    //用张度为0.3的曲线画出鱼鳍
        myPathRight. AddCurve(rightFin,0.3f);
    //将右侧鱼鳍合并到鱼体区域
        r. Union(myPathRight);
    //用渐变颜色填充整个区域
        g. FillRegion(brush,r);
```

5.7 绘制结果对比

绘制结果对比如下：由图5.17和图5.18的对比可见，新绘制的鱼体体线柔和，色彩过渡均匀，尤其是尾鳍，实现了动态的相位变换，已初步达成了伪3D的视觉效果。

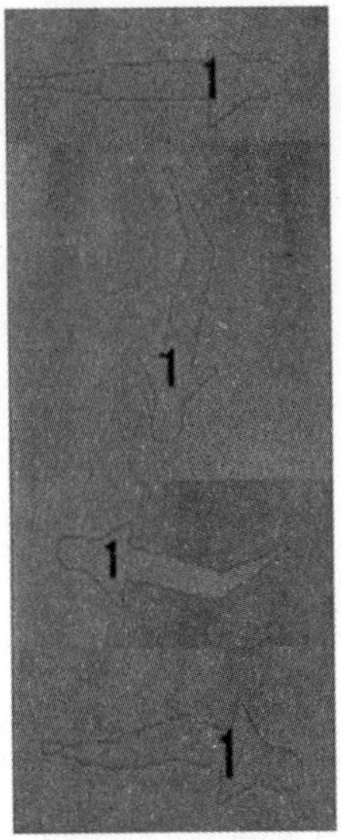

图 5.17　原效果

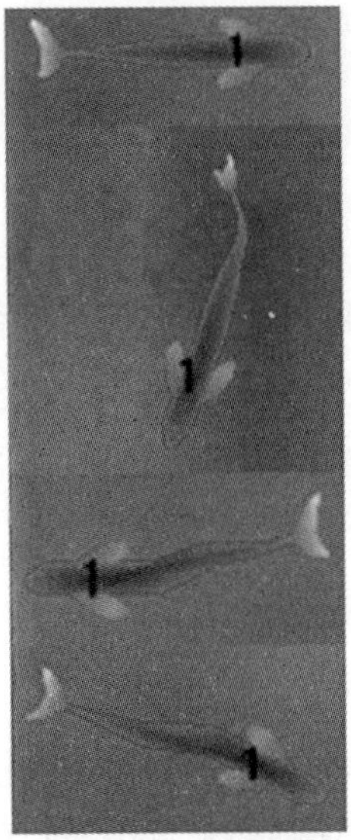

图 5.18　新效果

思考与练习题

1. 结合本章内容，总结仿真机器鱼绘制的关键技术。
2. 结合本章内容，总结作者是如何对鱼体进行建模的?

第6章　仿真障碍物的设计与实现

URWPGSim2D 仿真系统承载着策略验证和队伍竞赛的仿真使命。为了提高机器鱼比赛项目的多变性和创新性，同时也为了增加策略的编程空间，作者接受了在机器鱼比赛项目中添加障碍物的任务。

6.1　仿真障碍物分类

障碍物分为静态障碍物和动态障碍物。静态障碍物指颜色、大小、位置都固定不变的障碍物，如抢球大作战项目中的球门柱和斯诺克项目中的边界等。动态障碍物指颜色、大小、位置、速度均可改变的障碍物，如新抢球大作战项目中球门前上下移动的障碍物，该类障碍物灵活多变，需要策略编写者谨慎处理。

6.2　静态障碍物

静态障碍物的建模相对简单，只需给定顶点坐标和颜色即可生成。在碰撞处理中，静态障碍物的质量默认为无穷大，这样和机器鱼或者球碰撞后，不会改变静态障碍物的位置。

为了突出障碍物的立体效果，平台中的障碍物的颜色都是从图形中心向图形顶点进行线性渐变，线性渐变的起始色设为白色，终结色设为灰色。效果如图6.1所示。

静态障碍物主要为比赛项目提供规则性素材，充当球门、边界等，是平台不可或缺的。至于其建模和实现，将在接下来介绍的与静态障碍物一脉相承的动态障碍物中详述。

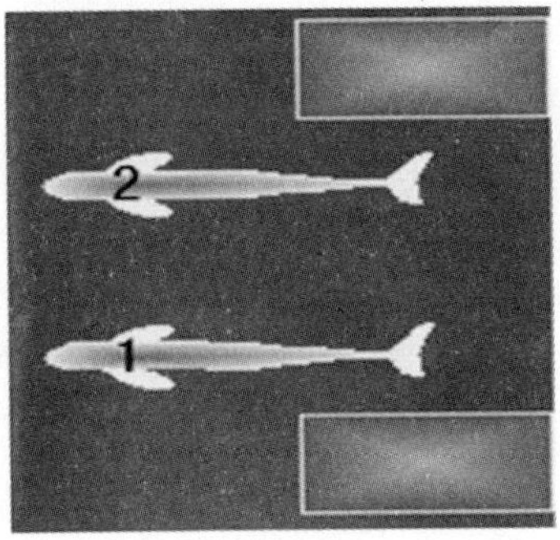

图 6.1　静态障碍物

6.3　动态障碍物

动态障碍物即移动的障碍物，其速度和轨迹的设定可分为两种：随机或固定。至于动态障碍物的尺寸和移动的速度，均为可配置的，以增加动态障碍物在不同比赛项目中的变化性和可移植性。

1. 随机动态障碍物

随机设定速度和轨迹，会使障碍物在比赛过程中缺少预判性，也因此为比赛策略的编写平添不可控因素，使得比赛结果的运气成分变大。比如运气差的一方，随机移动的障碍物会一直阻挠机器鱼往其期望的方向游动，如果因此输掉比赛，选手会不服气，因为其策略很可能优于对方。

2. 固定动态障碍物

固定化障碍物的速度和轨迹，可以使选手通过计算准确掌握障碍物的运动特性，从而避开障碍物，甚至利用障碍物进行攻防，大大扩展了策略的编程空间。

因此，本书只针对固定化轨迹和速度的动态障碍物进行开发设计。

6.3.1　动态障碍物设计思路

剑有双刃，祸福相依。对编写比赛策略的队伍而言，动态障碍物亦当如此。一方面，动态障碍物可以对特定动作造成阻碍；另一方面，动态障碍物也可以对特定目标进行保护。为了使策略最优化，必须趋吉避凶，善用动态障碍物的运动特性和形态特性。

由此，开发出下文两种具有不同功能特性的动态障碍物。

1. 规避型动态障碍物

规避型动态障碍物是指仿真鱼必须躲避的移动障碍物，其显著特征是，不管是进攻方还是防守方，都应尽量避免动态障碍物所造成的干扰。

以2v2抢球大作战为例，如图6.2所示，可以在球门前添加上下移动的长条形障碍物，进攻方如要进球，必须充分考虑动态障碍物的运动规律，把握进攻的时机，以防止在即将进球时，球被动态障碍物的长边推走而功亏一篑。同样，一旦进球，防守方要把球捞出，亦要避开动态障碍物，不然球会被动态障碍物的短边碰回自己的门内。

相对而言，防守方更具优势，因为防守方只要避开短边，将球挡在动态障碍物的长边范围内，静待球被动态障碍物顶走即可进行成功的防守。

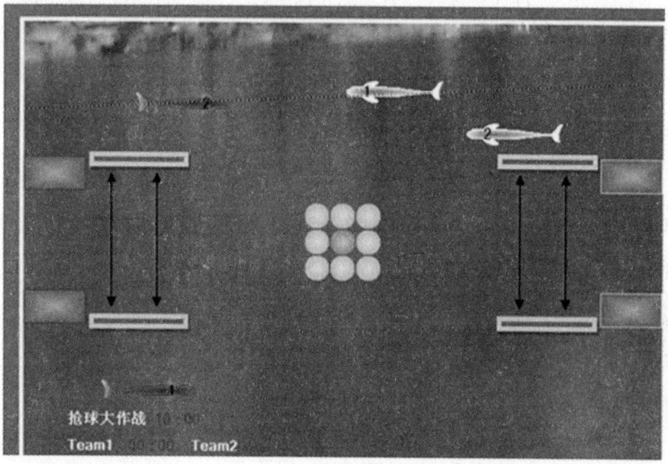

图6.2　抢球大作战项目中的动态障碍物

2. 强运型动态障碍物

强运型动态障碍物是指可以利用来运球的移动障碍物，其显著特征是：动态障碍物存在一定的夹角，容易将球带走，且其带球方向对某一方有利。

如图6.3所示，在水球5vs5的比赛场地中，上下方添加对称的“V”字型动态障碍物。该形状的动态障碍物，沿水平方向从后场到前场循环运动。以上方的“V”字型动态障碍物为例，当该障碍物从左往右移动时，“V”字形状使得球一旦进入其运动范围内，就会陷入夹角中，被障碍物从左方队伍的后场带至左方队伍的前场。进而为左方队伍展开后续进攻提供了便利。同理，下方的障碍物有利于右方队伍的进攻。

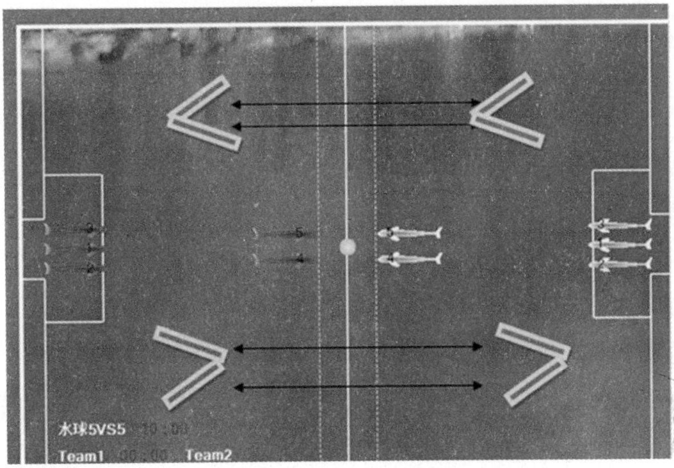

图 6.3　水球 5vs5 中的动态障碍物

此外，值得一提的是，该动态障碍物的进攻特性高于防守特性。因为“V”字型的夹角，使得球一旦被夹住，就很难被鱼捞出，易于持球。相反，“V”的背部却很难持球，最多是将球向防守方向弹开。因此，左方队伍应尽量利用上方的动态障碍物夹角进行进攻，而不是利用下方的动态障碍物的背部进行防守。

6.3.2　动态障碍物建模思想

与鱼体建模类似，采用面向对象的思想，将动态障碍物构建为一类对象。该类对象可以生成不同的实例，这些实例的属性、方法的名称和数目相同，但是却可以拥有不同的属性值。

相比静态障碍物模型，除了颜色、质量、坐标、顶点这些属性外，动态障碍物模型中还应添加新属性以支持动态运动，如运动状态标志位、角速度、线速度、循环周期等。同时，为动态障碍物添加构造方法以及速度、质量等属性的动态赋值方法。因此，可以让动态障碍物对象继承其父类——静态障碍物，以提高代码的复用性。

至于动态障碍物循环运动特性的实现，本书采用了两种方法。一种是根据时间临界值，如仿真周期数，定时切换角速度和线速度方向；另一种是根据坐标临界值，当动态障碍物到达一定的坐标区域时，立即切换线速度和角速度。当动态障碍物的加速度为0，即速度恒定时，用时间临界值控制运动循环最为便捷和精确。

6.3.3 动态障碍物实现

动态障碍物的添加，对平台很多模块造成了级联的影响，如碰撞处理模块、比赛项目设计模块、环境绘制模块等。对此，作者对平台进行了相关的修改。修改后的几个模块分别在下面进行了详细描述。

1. 建模模块实现

用面向对象的思想将动态障碍物抽象为 RectangularDynamic 类，该类实现 ICloneable 和 IDssSerializable 接口，以支持类的序列化通信，类的属性包含名字、是否允许删除的标志位、顶点、颜色等，该类的构造方法及所需参数如以下代码所示，其中每个构造参数都给出了详细注释。

关于动态障碍物循环运动的实现，在本模型中是以周期计数的方法实现的。用 circleTimes 变量存储单趟循环运动的周期数，用 TimesCounter 变量充当计数器，每个周期加1，当与 circleTimes 的值相等时，动态障碍物的运动方向改变，计数器清零，然后开始下一个单趟的运动。

```
/// <summary>
/// 仿真场地中方形动态对象基类
/// </summary>
public class RectangularDynamic : ICloneable, IDssSerializable
{
    /// 名称
    public string Name;
    /// 对象是否允许删除的标识量
    /// 仿真使命初始化时添加的对象不允许删除该值为 false
    public bool IsDeletionAllowed;
    /// 构造函数
```

```
public RectangularDynamic()
{
    SetRectangularDynamic();
    for (int i = 0; i < 4; i++)
    {// 初始化矩形四个顶点列表
        PolygonVertices.Add(new xna.Vector3(0, 0, 0));
    }
}
/// 带参数构造函数
/// </summary>
/// <param name = "strName" >仿真方形障碍物名称</param>
/// <param name = "positionMm" >仿真方形障碍物位置(在场地坐标
系中,以 mm 为单位)</param>
/// <param name = "colorBorder" >仿真方形障碍物轮廓颜色</
param>
/// <param name = "colorFilled" >仿真方形障碍物填充颜色</
param>
/// <param name = "borderWithPix" >仿真方形障碍物轮廓像素宽度
</param>
/// <param name = "lengthMm" >仿真方形障碍物长度(以 mm 为单
位)</param>
/// <param name = "widthMm" >仿真方形障碍物宽度(以 mm 为单
位)</param>
/// <param name = "directionDeg" >仿真方形障碍物方向(在场地坐
标系中,以弧度为单位)</param>
/// <param name = "velocityMmPs" >当前速度值,单位 mm 每秒 mm/s
</param>
/// <param name = "velocityDirectionRad" >当前速度方向备份,单位
弧度 rad,值域[-PI, PI)</param>
/// <param name = "angularVelocityRadPs" >当前角速度值,单位弧度
每秒 rad/s</param>
```

```
/// <param name = "circleTimes" >一个循环的周期数 </param >
    public RectangularDynamic ( string strName, xna. Vector3 positionMm,
Color colorBorder,
        Color colorFilled, int borderWithPix, int lengthMm, int widthMm,
float directionDeg, float velocityMmPs, float velocityDirectionRad, float
angularVelocityRadPs, int circleTimes)
    {
        Name = strName;
        PositionMm = positionMm;
        ColorBorder = colorBorder;
        ColorFilled = colorFilled;
        BorderWidthPix = borderWithPix;
        LengthMm = lengthMm;
        WidthMm = widthMm;
        DirectionRad = xna. MathHelper. ToRadians( directionDeg);
        IsDeletionAllowed = true;   // 默认允许删除
        VelocityMmPs = velocityMmPs;
        VelocityDirectionRad = velocityDirectionRad;
        AngularVelocityRadPs = angularVelocityRadPs;
        CircleTimes = circleTimes;
        TimesCouter = CircleTimes;//计数器赋初值
    }
```

2. 碰撞处理模块实现

动态障碍物要为碰撞处理模块提供参数,如该障碍物的当前碰撞状态、外接圆模型、各顶点坐标等,其中,外接圆模型是指将动态障碍物全部包裹的最小的圆,参数定义如下:

```
/// 当前碰撞状态
public CollisionType Collision;
/// 当前碰撞状态备份
public CollisionType PreCollision;
```

```
/// 碰撞检测参数
/// 外接圆半径(**根据长度宽度计算**),单位 mm
public int CircumcircleRadiusMm;
/// 矩形 4 个顶点列表,4 个元素依次为左上/右上/右下/左下,各顶点各维坐标单位 mm
public List<xna.Vector3> PolygonVertices = new List<xna.Vector3>(4);
```

动态障碍物的长、宽、方向和边缘厚度默认由 SetRectangularDynamic()方法给定,如下所示,构建了一个长宽 100 mm,水平朝向,边缘厚度为 0 的矩形动态障碍物:

```
/// 设置默认参数
public void SetRectangularDynamic()
{
    LengthMm = 100;             // 默认长度 100 mm
    WidthMm = 100;              // 默认宽度 100 mm
    DirectionRad = 0;           // 默认方向水平
    BorderWidthPix = 0;         // 默认边框 0 像素
}
```

定义以上参数后,调用 CalculateCollisionDetectionParas()方法计算出碰撞时刻障碍物外接圆半径、4 个顶点坐标的值,具体如以下代码所示,其中 PositionMm 为障碍物的中心坐标。

```
/// 计算碰撞检测参数,由各继承类构造函数调用
public void CalculateCollisionDetectionParas()
{
///外接圆半径的计算
CircumcircleRadiusMm = (int) Math.Sqrt (LengthMm * LengthMm + WidthMm * WidthMm) / 2;
float sine = (float)Math.Sin(DirectionRad);
float cosine = (float)Math.Cos(DirectionRad);
///各顶点的的计算
PolygonVertices[0] = new xna.Vector3(PositionMm.X - LengthMm * cosine/2 +
```

WidthMm * sine/2,0,PositionMm. Z – LengthMm * sine/2 – WidthMm * cosine/2);

PolygonVertices[1] = new xna. Vector3(PositionMm. X + LengthMm * cosine/2 + WidthMm * sine/2,0,PositionMm. Z + LengthMm * sine/2 – WidthMm * cosine/2);

PolygonVertices[2] = new xna. Vector3(PositionMm. X + LengthMm * cosine/2 – WidthMm * sine/2,0,PositionMm. Z + LengthMm * sine/2 + WidthMm * cosine/2);

PolygonVertices[3] = new xna. Vector3(PositionMm. X – LengthMm * cosine/2 – WidthMm * sine/2,0,PositionMm. Z – LengthMm * sine/2 + WidthMm * cosine/2);

}

3. 动态障碍物绘制模块实现

由于动态障碍物是运动的，每个周期都要更新其位置和形状。其中，需要将当前仿真使命涉及的全部动态仿真障碍物恢复默认位置的情况有以下 3 种：

（1）重启当前项目

（2）改变仿真使命类型（切换项目）

（3）点击复位按钮

恢复初始界面的函数定义如下：

/// 重启或改变仿真使命类型和界面请求恢复默认时将当前仿真使命涉及的全部动态仿真障碍物恢复默认位置,在具体仿真使命类中实现

public virtual void ResetDynamicObstacles() { }

Draw()方法是动态障碍物的绘制方法,在动态障碍物类中定义,不同的实例可以覆写该方法,不过所传参数都是一样的。

public void Draw(ref Graphics g)

{

DrawHelper. DrawRectangle(ref g, PositionMm, DirectionRad, LengthMm, WidthMm, BorderWidthPix, ColorBorder, ColorFilled);

}

UpdateRectangularDynamicLocomotionPara()方法中,根据仿真周期毫秒数更新动态障碍物运动学参数包括中心点位置坐标/速度值/速度方向/角速度值。

总的绘制流程如图 6.4 所示。

在抢球大作战项目中，对左方球门前的动态障碍物的运行轨迹连续截图，如图 6.5 所示。

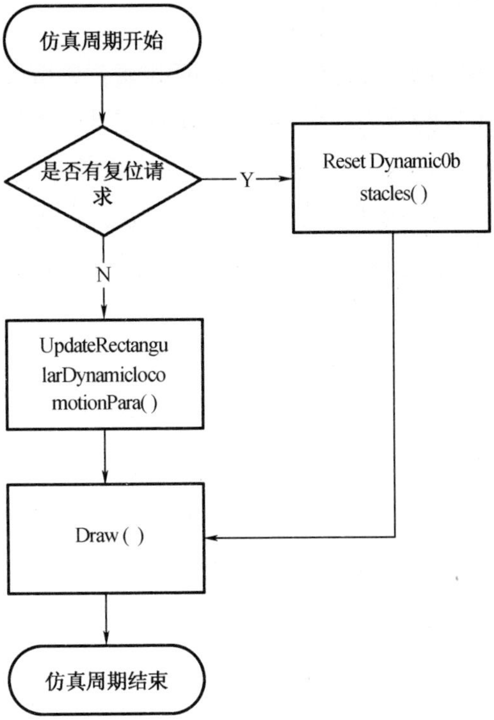

图 6.4 仿真周期绘制流程

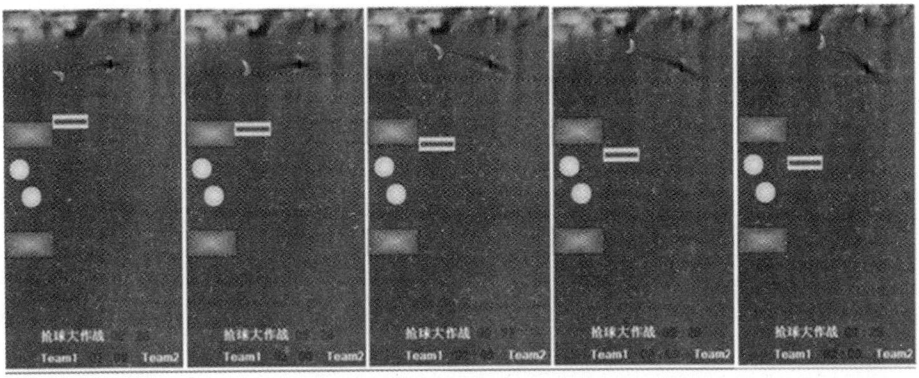

图 6.5 动态障碍物运动轨迹截图

6.3.4 动态障碍物设计扩展

为进一步增加障碍物的多样性，可以将障碍物设置成形状可变的，就像海里的水母，有时涨大有时缩小。至于形状的变化过程，依需要而定，比如为了方便运球，可以让障碍物从“1”字形变成“c”字形，等等。

也可为障碍赋予特殊效果，比如鱼碰到障碍会减速、晕眩或罚出场外等等，这样可促使鱼主动躲避或碰触障碍。

思考与练习题

1. 结合本章内容，从运动特性和功能性两方面对仿真障碍物进行分类。
2. 简述动态障碍物循环运动特性的实现方法。

第7章　仿真系统应用

7.1　仿真任务开发

由于URSim2D系统具有模块化的特性和方便的开发接口，可以作为水中机器人的比赛平台，还可用于水中多机器人协作仿真的实验平台。URSim2D仿真任务开发过程包括设计和实现两个阶段。

设计阶段，主要工作是按照系统约束，根据任务要求，为仿真任务确定好场地规格，仿真机器鱼、仿真水球、仿真障碍物等系统对象的数量及初始状态，仿真规则（仿真场地上各种对象间的约束规则），运行时间，运行过程，如果是比赛，还有计分规则、胜负规则等，形成设计文档。

实现阶段，主要工作是按照系统规范，根据设计文档，在URSim2D. Match命名空间下，实现一个继承于Mission的子类；并在URSim2D. Sim2DSvr命名空间下Sim2DSvrService类的private void InitMission（string strMissionName，int missionMinutes）方法中添加一段初始化代码。

7.1.1　仿真任务设计实例

下面以水中机器人2D仿真比赛的一个比赛项目——2D仿真协作过孔为例，展示仿真任务设计规范。该仿真任务既可以作为一个比赛项目，同时也是一个测试两个仿真机器鱼协作相关算法的良好范例。

1. 比赛内容

2D仿真协作过孔为1支队伍参与，每支队伍2条仿真机器鱼，用到1个仿真水球，3个矩形仿真障碍物的非对抗性比赛项目。

2. 比赛场地

2D仿真协作过孔比赛项目采用标准仿真场地，摆放好仿真机器鱼及其他所需场地元素的仿真场地如图7.1所示。

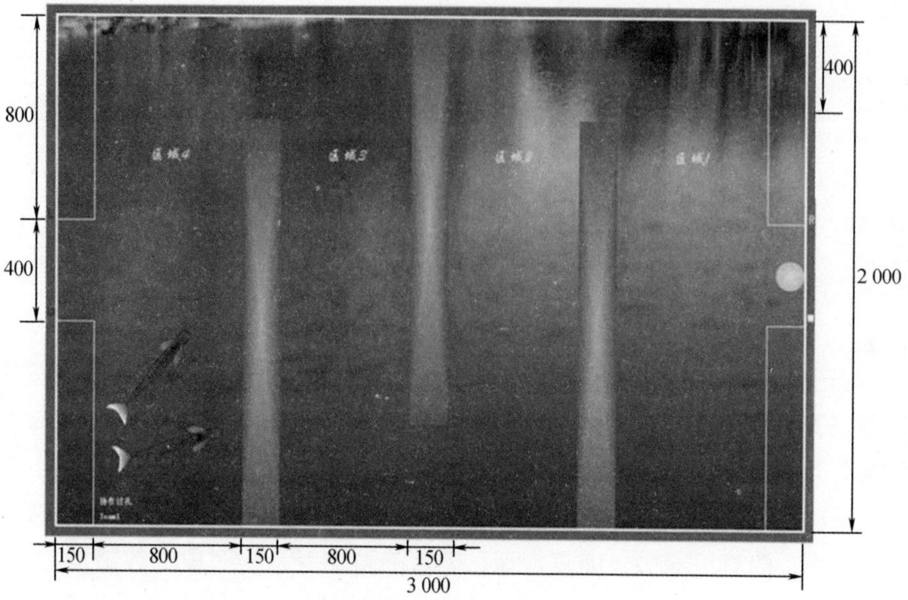

图 7.1　2D 仿真协作过孔示意图（单位：mm）

3. 比赛过程

（1）初始状态，1 支队伍的 2 条仿真机器鱼，其位置随机产生于场地左下方；1 个仿真水球位于右球门内；

（2）比赛开始后，仿真机器鱼在策略驱动下按照项目规则协作把仿真水球推进左球门；

（3）比赛时间递减到零之前，仿真机器鱼完成任务，平台服务端弹出对话框提示，裁判确认比赛得分和剩余时间，比赛结束；

（4）比赛时间递减到零，平台服务端弹出对话框提示，裁判确认比赛得分和剩余时间，比赛结束。

4. 项目规则

（1）协作目标 1：在仿真水球被推过第一个孔前，两条仿真机器鱼均在区域 1 内碰过球；

（2）协作目标 2：在仿真水球被推过第二个孔前，两条仿真机器鱼均在区域 2 内碰过球；

（3）协作目标 3：在仿真水球被推过第三个孔前，两条仿真机器鱼均在区域 3 内碰过球；

（4）协作目标 4：在仿真水球被推进左球门前，两条仿真机器鱼均在区域 4 内碰过球。

5. 比赛时间

比赛时间为 5 分钟，比赛进行 2 次，每次比赛过程中不得暂停；2 次比赛可以采用相同或不同策略。

6. 计分规则

（1）每完成 1 个协作目标，得分增加 1 分，满分总计 4 分；

（2）单次比赛，任务完成而结束比赛，记录得分和剩余时间；

（3）单次比赛，比赛时间递减到零，任务尚未完成而结束比赛，记录得分和剩余时间（为确定值 0）；

（4）整场比赛，记录 2 次比赛的总得分和总剩余时间。

7. 策略编写

2D 仿真协作过孔项目传递给策略的特有参数有 9 个，分别是：在区域 1，即执行任务 1 时，仿真机器鱼 0 碰过仿真水球标志 IsCollidedBallAndFish0AtStage1、仿真机器鱼 1 碰过仿真水球标志 IsCollidedBallAndFish1AtStage1；在区域 2，即执行任务 2 时，仿真机器鱼 0 碰过仿真水球标志 IsCollidedBallAndFish0AtStage2、仿真机器鱼 1 碰过仿真水球标志 IsCollidedBallAndFish1AtStage2；在区域 3，即执行任务 3 时，仿真机器鱼 0 碰过仿真水球标志 IsCollidedBallAndFish0AtStage3、仿真机器鱼 1 碰过仿真水球标志 IsCollidedBallAndFish1AtStage3；在区域 4，即执行任务 4 时，仿真机器鱼 0 碰过仿真水球标志 IsCollidedBallAndFish0AtStage4、仿真机器鱼 1 碰过仿真水球标志 IsCollidedBallAndFish1AtStage4；正在执行的协作任务编号 ExecutingTaskNo。

前 8 个的数据类型是 bool 型，取值为 true 或 false；第 9 个的数据类型是 int 型，取值范围为 1、2、3、4，取值 1 表示仿真水球尚未被推过第一个孔，正在执行协作任务 1；取值 2 表示仿真水球已经被推过第一个孔但尚未被推过第二个孔，现在位于区域 2，正在执行协作任务 2；类似的，取值 3 或 4 时表示仿真水球现在位于区域 3 或区域 4。

在策略中通过如下方式获取和使用上述参数。

```
int f01 = Convert.ToBoolean(mission.HtMissionVariables["IsCollidedBallAndFish0AtStage1"]);
int f11 = Convert.ToBoolean(mission.HtMissionVariables["IsCollidedBallAndFish1AtStage1"]);
int f02 = Convert.ToBoolean(mission.HtMissionVariables["IsCollidedBallAndFish0AtStage2"]);
```

```
int f12 = Convert. ToBoolean( mission. HtMissionVariables[ "IsCollidedBallAndFish1AtStage2" ]);
int f03 = Convert. ToBoolean( mission. HtMissionVariables[ "IsCollidedBallAndFish0AtStage3" ]);
int f13 = Convert. ToBoolean( mission. HtMissionVariables[ "IsCollidedBallAndFish1AtStage3" ]);
int f04 = Convert. ToBoolean( mission. HtMissionVariables[ "IsCollidedBallAndFish0AtStage4" ]);
int f14 = Convert. ToBoolean( mission. HtMissionVariables[ "IsCollidedBallAndFish1AtStage4" ]);
int no = Convert.  ToInt32 ( mission. HtMissionVariables[ "ExecutingTaskNo" ]);
if ((no == 1) && (f01 == true) && (f11 == true)) //正在执行任务1,且2条仿真机器鱼在区域1内均已碰过仿真水球,只需从右往左过第一个孔,便可得第1个1分;
if ((no == 2) && (f02 == true) && (f12 == true)) //正在执行任务2,且2条仿真机器鱼在区域2内均已碰过仿真水球,只需从右往左过第二个孔,便可得第2个1分;
f ((no == 3) && (f03 == true) && (f13 == true)) //正在执行任务3,且2条仿真机器鱼在区域3内均已碰过仿真水球,只需从右往左过第三个孔,便可得第3个1分;
if ((no == 4) && (f04 == true) && (f14 == true)) //正在执行任务4,且2条仿真机器鱼在区域4内均已碰过仿真水球,只需将球推入左球门,便可得第4个1分。
```

7.1.2 仿真任务实现流程

(1). 在Project Match下新建CSharp代码文件(如TwoFishPushBallViaChannel.cs),添加URSim2D.Common,Microsoft.Xna.Framework等必需的引用并使用using语句引入;也可直接复制任一已有的仿真任务对应的代码文件进行修改。

(2)在代码文件中新建命名空间Match,在Match命名空间下新建三个类,分别继承于RoboFish、SimEnvironment和Mission类(如FishTwoFishPushBallViaChannel、EnvironmentTwoFishPushBallViaChannel和TwoFishPushBallViaChannel类)。前两个类分别定义参与该仿真任务特定的仿真机器鱼、仿真环境,可以定义其特有属性和行为。第三个类定义该仿真任务特有属性,并通过特有行为实现该仿真任务的仿真规则。

(3)在Mission类的子类(如TwoFishPushBallViaChannel类)中,实现IMission定义的若干接口方法及部分没有提升为接口但具体仿真任务类(Mission的子类)一定需要实现的方法,表7.1。

表 7.1　仿真任务类中主要方法

方法名称	说明	接口方法
SetMission	设置当前任务各相关对象的初始值	是
ProcessControlRules	处理当前仿真任务的控制规则	是
ResetTeamsAndFishes	重启或改变仿真任务类型时将该仿真任务参与队伍及其仿真机器鱼的各项参数设置为默认值	是
ResetEnvironment	重启或改变仿真任务类型时将该仿真任务相应的仿真环境各参数设置为默认值	是
ResetField	重启或改变仿真任务类型和界面请求恢复默认时将当前仿真任务使用的仿真场地尺寸恢复默认值	是
ResetBalls	重启或改变仿真任务类型和界面请求恢复默认时将当前仿真任务涉及的全部仿真水球恢复默认位置	是
ResetObstacles	重启或改变仿真任务类型和界面请求恢复默认时将当前仿真任务涉及的全部仿真障碍物恢复默认位置	是
ResetColorFishAndId	设置仿真机器鱼鱼体和编号默认颜色	是
ResetColorBall	设置仿真水球填充和边框默认颜色	是
InitTeamsAndFishes	初始化当前参与队伍列表及每支队伍的仿真机器鱼对象，在当前任务类构造函数中调用	否
InitEnvironment	初始化当前任务的仿真环境，在当前任务类构造函数中调用	否
InitHtMissionVariables	初始化当前仿真任务类特有的需要传递给策略的变量名和变量值，在当前任务类构造函数中调用	否
UpdateHtMissionVariables	更新当前任务类特有的需要传递给策略的变量名和变量值，在 ProcessControlRules 中调用	否
ResetInternalVariables	重启或改变仿真任务类型时将该仿真任务特有的内部变量设置为默认值	否

（4）在 Project Sim2DSvr 下 Sim2DSvrService 类的 private void InitMission（string strMissionName, int missionMinutes）方法中的 Switch 块添加一段初始化代码。为添加 2D 仿真协作过孔比赛项目而添加的代码如下所示。

case "协作过孔":

// 实例化 TwoFishPushBallViaChannel 或获取它的唯一实例并将其接口引用保存到能全局访问的 MyMission. IMissionRef

MyMission. Instance(). MissionRef = (Mission) TwoFishPushBallViaChannel. Instance();

MyMission. Instance(). IMissionRef = (IMission) TwoFishPushBallViaChannel. Instance();

para = new MissionCommonPara("协作过孔", 1, 2, 60 * missionMinutes, 100, true, false);

break;

(5) 在 Project Sim2DSvr 下 ServerControlBoard 这个 Form 上的 cmbCompetitionItem 下拉框控件中添加供选择的仿真任务名称(如“协作过孔”)。

(6) 最后至少重新生成 Match 和 Sim2DSvr 这两个 Project，推荐重新生成全部 Project。

7.2 仿真策略开发

以下描述中%URSim2D%为 URSim2D Solution Directory,如 D:\My Documents\Visual Studio 2008\Projects\URSim2D。

7.2.1 编程相关

编写策略，首先需要建立基于 .Net Framework 3.5 使用 C#编程语言的 Windows 类库(Class Library)类型的 VS2008 项目(Project)及相应的解决方案(Solution)。

项目的命名空间必须为 URSim2D. Strategy；项目中必须有一个类名称为 Strategy；Strategy 类必须继承自 MarshalByRefObject 类并实现 IStrategy 接口，为 GetTeamName 和 GetDecision 方法提供具体实现，接口的具体信息参见第7条推荐的程序结构；项目的 Reference 至少添加 Microsoft. Dss. Base. dll、Microsoft. Xna. Framework. dll、URSim2D. Common. dll、URSim2D. StrategyLoader 四个。

(1) 可以直接使用% URSim2D% \ Strategy \ 下的 Strategy Solution 即

Strategy. sln，然后在 Strategy Solution 中添加策略 Project，或直接使用现有 Strategy 模板 Project。

（2）也可新建策略 Project（如 Strategy3VS3）的同时新建 Solution，并让 Project 在 Solution 的下级目录中，Solution 目录可以放在任意位置，Solution 名称可以任意，推荐使用 Strategy。

（3）修改项目属性（Project Properties）等。有了 Strategy Project，譬如为编写 Match3VS3 仿真任务而建立的 Strategy Project 名为 Strategy3VS3，还需要修改部分项目属性。在解决方案浏览器（Solution Browser）中，选择 Strategy Project 如 Strategy3VS3，右键选择属性（Properties）。在弹出的页面中，应用程序（Application）默认命名空间（Default namespace）选项修改为"URSim2D. Strategy"。

（4）修改类名（Class name）等。默认建立的 cs 文件（如 Class1. cs）重命名为 StrategyProjectName. cs（如 Strategy3VS3. cs）。再打开该文件，将其中的 namespace 名称（如 ClassLibrary1）修改为 URSim2D. Strategy；类的名称（如 Class1）修改为 Strategy ：MarshalByRefObject，IStrategy。

（5）类 Strategy 中必须重载 MarshalByRefObject 的 InitializeLifetimeService 方法，其实现只有一条语句 return null，以使得 Strategy 的对象在主应用程序域以外被加载时不会产生超时问题。不照此实现，任务运行过程中，如果发生暂停（比如调试时断点中断或正式运行时弹出对话框）超过一定时间，策略对象会被自动销毁；再次调用策略时，策略已经不存在。（屏蔽掉 try…catch 块，在调试时下断点等上五分钟左右继续运行，会弹出类似"对象'05e33_483c_4a09_80ea_1ac761a571b6/pcbpomcu + nihdarschxpvuhm_17. rem'已经断开连接或不在服务器上"的 RemotingException 提示。）

（6）类 Strategy 的实例在加载完毕后一直存在于内存中，除非仿真任务运行过程中更换策略，因此，可以自定义私有成员变量保存必要信息。

（7）推荐的程序结构如下。

```
using System;
using System.Collections.Generic;
using System.Linq;
using System.Text;
```

```
using xna = Microsoft.Xna.Framework;
using URSim2D.Common;
using URSim2D.StrategyLoader;

namespace URSim2D.Strategy
{
    public class Strategy : MarshalByRefObject, IStrategy
    {
        #region reserved code never be changed or removed
        /// <summary>
        /// override the InitializeLifetimeService to return null instead of a valid ILease implementation
        /// to ensure this type of remote object never dies
        /// </summary>
        /// <returns>null</returns>
        public override object InitializeLifetimeService ()
        {
            return null; // makes the object live indefinitely
        }
        #endregion

        /// <summary>
        /// 决策类当前对象对应的仿真任务参与队伍的决策数组引用 第一次调用 GetDecision 时分配空间
        /// </summary>
        private Decision [] decisions = null;

        /// <summary>
        /// 获取队伍名称    在此处设置参赛队伍的名称
        /// </summary>
        /// <returns>队伍名称字符串</returns>
```

```
public string GetTeamName ()
{
    return "3VS3 Test Team";
}

/// <summary>
/// 获取当前仿真任务（比赛项目）当前队伍所有仿真机器鱼的决策数据构成的数组
/// </summary>
/// <param name="mission">服务端当前运行着的仿真任务Mission 对象</param>
/// <param name="teamId">当前队伍在服务端运行着的仿真任务中所处的编号
/// 用于作为索引访问 Mission 对象的 TeamsRef 队伍列表中代表当前队伍的元素</param>
/// <returns>当前队伍所有仿真机器鱼的决策数据构成的Decision 数组对象</returns>
public Decision [] GetDecision (Mission mission, int teamId)
{
    // 决策类当前对象第一次调用 GetDecision 时 Decision 数组引用为 null
    if (decisions == null)
    {// 根据决策类当前对象对应的仿真任务参与队伍仿真机器鱼的数量分配决策数组空间
        decisions = new Decision [mission.CommonPara.FishCntPerTeam];
    }
    #region 决策计算过程    需要各参赛队伍实现的部分
    // 请从这里开始编写代码
    #endregion
    return decisions;
}
```

```
        }
    }
```

(8) GetTeamName 接口用于设置队伍名称。将其中的“3VS3 Test Team”(不含引号)替换成队伍名称即可。

(9) GetDecision 接口用于生成 Strategy 对象对应的队伍里所有仿真机器鱼的决策数据。决策过程较复杂的情况下，建议将各种子过程封装成 Strategy 类的 Private 方法，由 GetDecision 或子过程调用。

(10) 由于 Strategy 类引用了 URSim2D. Common. dll、URSim2D. StrategyLoader 这两个组件，它们均具有强名称(使用% URSim2D% \URSim2D. snk 进行了签名，强名称相关介绍详见 MSDN)，因此 URSim2D 主程序(包括前述两个组件)版本号更新后，策略 dll 文件必须对相应的 Strategy 类重新添加引用，重新生成，才能正常加载。

7.2.2 业务相关

(1)策略编写工作直接目标是给当前队伍决策数组 decisions 各元素填充决策值，即给 Strategy 类当前对象对应的仿真任务参与队伍各仿真机器鱼生成控制指令，仿真机器鱼的控制指令是一个 Decision 类型的值。

(2)决策数据类型 Decision 包括两个 int 成员，VCode 为速度挡位值，TCode 为转弯挡位值。

(3)VCode 取值范围 0~14 共 15 个整数值，每个整数对应一个速度值，速度值大体上呈递增趋势，但非严格递增。有个别挡位值对应的速度值低于比它小的挡位值对应的速度值，速度值数据来源于实验。

(4)TCode 取值范围 0~14 共 15 个整数值，每个整数对应一个角速度值。整数 7 对应直游，角速度值为 0，整数 6~0，8~14 分别对应左转和右转，偏离 7 越远，角速度值越大。

(5)任意两个速度/转弯挡位之间切换，都需要若干个仿真周期，才能达到稳态速度/角速度值。目前运动学计算过程决定稳态速度/角速度值接近但小于目标挡位对应的速度/角速度值。

(6)禁止使用原地打转功能，即不能让仿真机器鱼速度为 0 而角速度不为 0；平台作了限制，速度值低于 1 档的稳态速度时，角速度被强制置 0；所以不要试图把速度降到 0，然后只给角速度进行转弯，这样做的结果是仿真机器鱼会原地不动。

(7)场地坐标系以及点和向量的定义。以矩形场地中心为坐标原点,正右为正 X 轴,正下为正 Z 轴;从正 X 到负 X 轴,顺时针为 $0 \sim \pi$,逆时针为 $0 \sim -\pi$。考虑与 MRDS 中的三维坐标系一致,水平面用 XOZ 表示,Y 轴作为垂直于 XOZ 平面的第三维。程序中涉及向量和点的定义,都使用 XNA 库中的 Vector3 类型,用到其中的 X 和 Z 维,Y 维均置为 0。二维点和向量与三准点和向量之间的转换,二维的 X 与三维的 X 对应,二维的 Y 与三维的 Z 对应。

(8)对抗性仿真任务的策略,一定要判断己方所处半场,根据所处半场确定目标球门。根据目标球门设计仿真机器鱼的行为及相关决策算法。

(9)GetDecision 接口的 int 类型的参数 teamId,表示当前 Strategy 对象对应的队伍在服务端运行着的仿真任务所有参与队伍中的编号(从 0 开始)。teamId 的初始值,Local 模式时,由策略加载顺序确定;Remote 模式时,由客户端启动顺序确定。2 支队伍参与的对抗性仿真任务,交换半场后,teamId 由服务端或客户端策略调用入口处相应半场处理代码进行值的交换,传到 GetDecision 的 teamId 已经正确代表当前时刻当前 Strategy 对象对应的队伍编号。

(10)GetDecision 接口的 Mission 类型的参数 mission,包含服务端当前运行着的仿真任务公开给策略使用的全部信息。mission. TeamsRef[teamId]指向当前 Strategy 对象对应的仿真任务参与队伍 Team < RoboFish > 对象,通过它可以访问到己方队伍及其全部仿真机器鱼的所有公开信息。当前运行着的仿真任务为 2 支队伍参与的对抗性项目时,mission. TeamsRef[(1 + teamId) % 2]指向对方队伍的 Team < RoboFish > 对象,通过它可以访问到对方队伍及其全部仿真机器鱼的所有公开信息。

(11)表 7.2 是策略中可以使用的全部参数,所有成员的引用,均以 mission. 开头,如 mission. CommonPara. TeamCount;其中"CommonPara. *"一类的成员表示随后若干右对齐的成员名称是以 CommonPara. * 的形式存在的,如 CommonPara. MsPerCycle,其完整引用为 mission. CommonPara. MsPerCycle。MissionCommonPara、Team < RoboFish >、TeamCommonPara、RoboFish、Field、RetangularObstacle、RoundedObstacle 等类型还有其他成员,不向策略公开,那是只与服务端处理有关的变量,不要试图使用它们,因为服务端向客户端或本地策略传递 Mission 类型参数的过程包含一个序列化和反序列化的过程,这些不向策略公开的参数,相应的成员没有序列化和反序列化代码支持。

表 7.2　策略中可以使用的参数

成员名称	类型	意义
CommonPara	MissionCommonPara	当前仿真任务公共参数
CommonPara. *		
FishCntPerTeam	int	每支队伍仿真机器鱼数量
MsPerCycle	int	仿真周期毫秒数
RemainingCycles	int	当前剩余仿真周期数
TeamCount	int	当前仿真任务参与队伍数量
TotalSeconds	int	当前仿真任务运行时间秒数
TeamsRef	List < Team < RoboFish > >	当前仿真任务参与队伍列表
TeamsRef[teamId]	Team < RoboFish >	决策类当前对象对应的仿真任务参与队伍(当前队伍)
TeamsRef[teamId]. *		
Para	TeamCommonPara	当前队伍公共参数
Fishes	List < RoboFish >	当前队伍仿真机器鱼列表
TeamsRef[teamId]. Para. *		
FishCount	int	当前队伍仿真机器鱼数量 (与 CommonPara. FishCntPerTeam 的值一致)
MyHalfCourt	HalfCourt(enum)	当前队伍当前所处半场 (HalfCourt. LEFT(0)/Halft. RIGHT(1))
Score	int	当前队伍当前得分值
Name	string	当前队伍名称
TeamsRef[teamId]. Fishes[i].*		
PositionMm	xna. Vector3	当前队伍第 i 条鱼位置（鱼体前端刚体中心）
BodyDirectionRad	float	当前队伍第 i 条鱼鱼体方向（鱼体前端刚体长边方向）
VelocityMmPs	float	当前队伍第 i 条鱼速度值

表 7.2（续）

成员名称	类型	意义
VelocityDirectionRad	float	当前队伍第 i 条鱼速度方向（与 BodyDirectionRad 的值一致）
AngularVelocityRadPs	float	当前队伍第 i 条鱼角速度值
BodyLength	int	当前队伍第 i 条鱼鱼体前端刚体长度
BodyWidth	int	当前队伍第 i 条鱼鱼体前端刚体宽度
CollisionModelRadiusMm	int	当前队伍第 i 条鱼碰撞检测外层圆形模型半径，即总长度的一半
CollisionModelBody RadiusMm	int	当前队伍第 i 条鱼前端刚体矩形外接圆半径
CollisionModelTail RadiusMm	int	当前队伍第 i 条鱼尾部碰撞检测圆形模型半径
PolygonVertices [0]	xna. Vector3	当前队伍第 i 条鱼鱼头位置
EnvRef	SimEnvironment	当前仿真任务环境对象
EnvRef. *		
FeildInfo	Field	当前仿真任务的仿真场地对象
Balls	List < Ball >	当前仿真任务的全部仿真水球列表
Balls [i]	Ball	当前仿真任务第 i 个仿真水球对象
ObstaclesRect	List < RetangularObstacle >	当前仿真任务的全部仿真方形障碍物列表
ObstaclesRect [i]	RetangularObstacle	当前仿真任务第 i 个仿真方形障碍物对象
ObstaclesRound	List < RoundedObstacle >	当前仿真任务的全部仿真圆形障碍物列表
ObstaclesRound [i]	RoundedObstacle	当前仿真任务第 i 个仿真圆形障碍物对象
EnvRef. FieldInfo. *		
FieldLengthXMm	int	当前仿真场地 X 方向长度
FieldLengthZMm	int	当前仿真场地 Z 方向长度
GoalDepthMm	int	当前仿真场地球门深度（X 方向长度）

表 7.2（续）

成员名称	类型	意义
GoalWidthMm	int	当前仿真场地球门宽度（Z 方向长度）
ForbiddenZoneLengthXMm	int	当前仿真场地禁区 X 方向长度
ForbiddenZoneLengthZMm	int	当前仿真场地禁区 Z 方向长度
LeftMm	int	当前仿真场地左边界 X 坐标
RightMm	int	当前仿真场地右边界 X 坐标
TopMm	int	当前仿真场地上边界 Z 坐标
BottomMm	int	当前仿真场地下边界 Z 坐标
EnvRef. Balls [i] . *		
PositionMm	xna. Vector3	当前仿真任务第 i 个水球位置
RadiusMm	int	当前仿真任务第 i 个水球半径
VelocityMmPs	float	当前仿真任务第 i 个水球速度值
VelocityDirectionRad	float	当前仿真任务第 i 个水球速度方向
EnvRef. ObstaclesRect [i] . *		
PositionMm	xna. Vector3	当前仿真任务第 i 个方形障碍物位置
LengthMm	int	当前仿真任务第 i 个方形障碍物长度
WidthMm	int	当前仿真任务第 i 个方形障碍物宽度
DirectionRad	float	当前仿真任务第 i 个方形障碍物方向（长度朝向）
EnvRef. ObstaclesRound [i] . *		
PositionMm	xna. Vector3	当前仿真任务第 i 个圆形障碍物位置
RadiusMm	int	当前仿真任务第 i 个圆形障碍物半径
HtMissionVariables	Hashtable	当前仿真任务需要传递给策略的特有参数哈希表 表中键值对，键字符串为变量名，值字符串为变量值

（12）具体仿真任务特有的参数（如水球 3VS3 等对抗性项目中指示当前比赛阶段值的标志量 CompetitionPeriod）可以通过 HtMissionVariables["键名"]

得到，然后可通过 Convert. To *** 转换成其值的原始数据类型使用。如水球 3VS3 项目的当前比赛阶段值通过如下方式获得：int matchPeriod = Convert. ToInt32（mission. HtMissionVariables[" CompetitionPeriod"]）;。每个具体仿真任务需要传递给策略的特有参数由仿真任务设计人员确定，并在仿真任务规则文档中描述其意义和用法。

7.2.3 调试相关

（1）策略可以先在 Local 模式下粗调，逻辑基本正确了，再到 Remote 模式下进行适应性测试和参数修正。比赛策略一定要在 Remote 模式下进行过测试；对抗性比赛策略一定要测试过半场交换后的行为是否与预期一致。

（2）为方便调试，需要在“项目属性（Project Properties）”中设置“调试（Debug）”→“启动操作（Start action）”→“启动外部程序（Start external program）”选项，欲在 Local 模式调试，设为% URSim2D% \ URSim2D \ bin \ URSim2DServer. exe；欲在 Remote 模式调试，设为% URSim2D% \URSim2D \bin\ URSim2DClient. exe。需要注意的是，刚从 SVN 服务器上获取到代码，bin 目录下是没有这两个文件的，其他自有组件除了 URSim2D. Core. dll 之外也是没有的，需要先“生成解决方案（Build Solution）”。

（3）由于一个 Solution 只可以设置一个启动项目，而一个 Solution 里可能有若干个策略 Project，所以调试时，一般可以在需要调试的策略 Project 名称上点右键，选择“调试”→“启动新实例”。

（4）调试 2 支及 2 支以上队伍参与的仿真任务策略时，一定要事先生成一个或多个备用策略（最简单的即可），被调试的策略，只能作为一支队伍的策略加载一次，否则在策略代码中设下的断点，每个周期都会中断多次，不利于跟踪。

（5）调试时出现找不到组件一类的错误时，先检查被调试项目的引用，不正确则先删除，再重新从% URSim2D% \ URSim2D \ bin \ 下添加（在“引用”目录上单击右键，“添加引用”→“浏览”，找到前述目录，选择需要的程序集）。主程序版本号更新后，重新生成策略 dll，也可能需要先删除引用，再重新添加；这取决于原来引用的程序集所在目录与新版本程序集所在目录是否一致。

思考与练习题

1. 仿真比赛项目包括哪两类?

2. 编写策略时，决策数据类型 Decision 中包括哪两个成员? 属于什么类型?

3. 每个具体仿真任务需要传递给策略的特有参数如何确定?

4. 策略调试时，如果出现找不到组件一类的错误时，应该如何处理?

第 8 章　总结与展望

本书以水中仿生机器人协作仿真为研究对象，探讨了一种水中仿生机器人协作仿真平台的设计、实现及其应用问题。以此研究为基础，PKUICL 的仿真团队已经实现了 URSim2D 软件。URSim2D 具有如下特点。

（1）兼顾比赛和科研需求。URSim2D 不仅是中国机器人大赛和中国水中机器人大赛的水中机器人 2D 仿真赛官方比赛平台，多次为诸多参赛队伍提供角逐机会；同时也是 PKUICL 进行多水中机器人协作相关研究的强有力辅助平台，相关研究已经逐步在 URSim2D 上展开。

（2）具有方便扩展仿真任务和编写仿真策略的软件架构。URSim2D 采用面向对象设计方法，对系统进行了良好的架构设计。以仿真任务为中心的对象模型和以仿真循环为主线的运行流程，及良好的接口化，保证了扩展仿真任务和编写仿真策略的方便性和灵活性。

（3）具有兼容性极好的仿真模式。CCR 和 DSS 是微软为解决机器人软件领域的异步和并发问题而设计的通信机制，URSim2D 充分利用这一全新通信机制带来的编程模型革新，设计出兼容集中式、全分布式和半分布式的仿真模式。

（4）实现了一个基于实验数据的动力学和运动学模型。URSim2D 充分利用了 PKUICL 对水中仿生机器人的研究成果，采用实体机器鱼做实验收集基础运动学数据，再基于实验数据构建了一个简化的动力学和运动学模型，实现了对实体机器鱼的较好模拟。

（5）提供了良好的视觉效果及实用的辅助功能。URSim2D 虽为二维仿真平台，但仿真机器鱼的运动视觉效果既考虑了鱼体波方程又考虑了伪三维显示，模拟得比较逼真。辅助功能提供得比较全面，包括仿真策略在线更换、仿真数据实时显示和记录、仿真场地屏幕截图和录像、仿真场地水波效果等。

在本书已有工作的基础上，可进一步开展如下工作。

（1）平台特性扩展方面。URSim2D 具有良好的支持扩展的架构，为适应未来的水中机器人 2D 仿真比赛和科研需要，可以随时灵活地扩展新的特性。

譬如扩展出支持动态障碍物的特性，可以给需要的仿真任务添加动态障碍物，丰富仿真比赛项目的环境因素；扩展出支持仿真机器鱼倒游的特性，可以更方便地测试某些多水中机器人编队控制算法。

（2）二维平台向三维平台扩展方面。URSim2D 设计之初，充分考虑了向三维平台扩展的问题。向三维平台扩展，软件架构可以基本维持不变。基于 CCR 和 DSS 的仿真模式和仿真循环过程不需要变动。各种小的特性也大多不需要变动。仿真机器鱼、仿真环境、仿真任务三大核心模型现有结构不需大动。需要小动的是，给仿真机器鱼和仿真环境对象模型增加若干在 MRDS VSE 中支持三维显示所需的属性。需要大动的只有仿真场景显示部分，需要先为仿真机器鱼和仿真环境中其他各种对象使用空间建模软件建好几何模型，然后将 URSim2D 中基于 GDI + 的直接绘制机制更换成在 MRDS VSE 中直接调用几何模型进行显示的机制。

附录　名词解释

裁判员　运动竞赛过程中，依据竞赛规程和竞赛规则评定运动员（队）成绩、胜负和名次的人员。裁判员既是竞赛中的“执法人员”，又是竞赛进行的组织者和领导者。

职责及要求：裁判员水平的高低直接影响运动员技术、战术的发挥，也直接影响比赛的效果。裁判员应该具备以下条件：

一、有高尚的道德品质，作风正派，坚持原则，公正无私，严肃认真，对所有运动员一视同仁。

二、精通本项比赛的规程和规则，善于把规则精神运用到比赛中去。了解本专项当今世界的技术、战术发展趋势，不断进行观念和知识的更新，以提高裁判水平。

三、谦虚谨慎，虚心听取不同意见，善于向别人学习，尊重他人，团结协作。

四、有严格的组织纪律观念。

五、有健康的身体，临场裁判时能够精神饱满地完成裁判工作任务。

教练员　教练员是运动训练的直接组织者和指导者，承担着培养、训练运动员的主要任务，对促进运动员的全面发展、实现运动训练的目标起着主导作用。

职责及要求：

一、教练员必须具备与其所承担的训练任务相适应的思想素质和业务素质。其基本条件为具有牢固的政治思想基础、强烈的事业心和高度的责任感，具有合理的知识结构，较高的专项技术水平和良好的心理品质。

二、教练员应自觉地履行其职责，严肃训练纪律，认真制订训练计划，科学选择训练手段和方案，严格管理，努力完成训练计划，实现训练目标。

三、做好平时训练考勤，赛前准备，临场指挥，赛后总结的各项工作。

四、严格管理教育，加强思想政治工作，关心运动员的全面发展。做到发扬民主，爱护运动员，不打骂和污辱运动员，并以身作则，在训练、学习、生活等方面作运动员的表率。

五、教练员应不断地加强学习，提高自身的理论水平、运动技术水平等综合素质。

运动员　专业运动项目中出色异于一般的高水平人员。

职责及要求：

一、参赛运动员必须佩带号码参加比赛，无号码者不得参加比赛。

二、参赛运动员必须按报名顺序参加比赛，不许弄虚作假，冒名顶替，如有发现取消比赛资格。

三、报名者的参赛项目不得更改。如有差错以原始报名表为准。

四、参赛运动员必须身着运动装参加比赛，否则不得参加比赛。

五、参赛运动员要尊重裁判，服从裁判。不得当场顶撞裁判，更不得寻衅滋事，妨碍裁判员工作。

六、遵守比赛规则，确保安全第一。要把安全工作贯穿在整个体育运动的全过程和各个方面。运动员不得违反规则。

参 考 文 献

[1] 哈里·亨德森. 现代机器人技术[M]. 管琴,译. 上海: 上海科学技术文献出版社, 2011.

[2] 蔡自兴. 机器人原理及其应用[M]. 长沙: 中南工业大学出版社, 1988.

[3] Yuh J. Design and control of autonomous underwater robots: A survey[J]. Autonomous Robots, 2000(8):7 –24.

[4] 蒋新松, 封锡盛, 王棣堂. 水中机器人[M]. 沈阳: 辽宁科学技术出版社, 2000.

[5] 冯正平. 国外自治水中机器人发展现状综述[J]. 鱼雷技术, 2005, 13(1): 5 –9.

[6] 林良明. 仿生机械学[M]. 上海: 上海交通大学出版社, 1989.

[7] 张秀丽, 郑浩峻, 陈恳, 等. 机器人仿生学研究综述[J]. 机器人, 2002, 24(2): 188 –192.

[8] Sfakiotakis M, Lane D M, Davies J B C. Review of fish swimming modes for aquatic locomotion[J]. IEEE J. Oceanic Eng. , 1999, 24(2): 237 –252.

[9] 童秉纲. 鱼类波状游动的推进机制[J]. 力学与实践, 2000, 22(3): 69 –74.

[10] Kato N, Furushima M. Pectoral fin model for maneuver of underwater vehicles [C]. New York: IEEE Press, 1996:49 –56.

[11] Triantafyllou M S, Triantafyllou G S. An efficient swimming machine[J]. Scientific American, 1995, 272(3): 64 –70.

[12] 喻俊志. 多仿生机器鱼控制与协调研究[D]. 北京: 中国科学院自动化研究所, 2003.

[13] Ayres R U, Miller S M. Robotics and flexible manufacturing technologies: Assessment, impact and forecast[M]. Park Ridge: Noyes Publications, 1985.

[14] 谭民, 王硕, 曹志强. 多机器人系统[M]. 北京: 清华大学出版社, 2005.

[15] Maja J Mataric. Behavior – Based control: Examples from navigation,

learning, and group behavior[J]. Journal of Experimental and Theoretical Artificial Intelligence, 1997, 9(2-3): 323-336.

[16] 李实, 徐旭明, 叶榛. 国际机器人足球比赛及其相关技术[J]. 机器人, 2000, 22(5): 420-426.

[17] Teruo Fujii, Tamaki Ura. Development of an autonomous underwater robot "Twin-Burger" for testing intelligent behaviors in realistic environments[J]. Autonomous Robots, 1996(3): 285-296.

[18] 邵金燕. 多机器人协作控制研究[D]. 北京: 北京大学工学院, 2007.

[19] 李佑兵, 蔡琼, 陈鹏慧, 等. 一种水中仿生机器人仿真系统的设计与实现[J]. 中南大学学报: 自然科学版, 2011, 42(1): 551-554.

[20] 黎章. 多水中机器人协作控制[D]. 北京: 北京大学工学院, 2008.

[21] 彭之春, 庞永杰. 机器鱼的运动仿真方法[J]. 系统仿真学报, 2004(12): 2 643-2 646.

[22] 张玲, 陈元春, 孙勇. 基于 gdi+的通用图形平台设计[J]. 计算机工程, 2005(12): 218-220.

[23] 邵延华, 斌 吴, 英 张 红. 一 种 虚 拟 现 实 建 模 的 新 方 法[J]. 信息化纵横, 2009 (18): 46-48.

[24] Culik K, Kari J. Finite state transformations of images [J]. Computers Graphics, 1996(20): 125-135.

[25] 马华, 刘峰, 任春丽. Bezier 曲线的计算机实现[J]. 西安电子科技大学学报, 2002(04): 565-568.

[26] 东北大学985工程-机器人控制实验室. 牛牛足球机器人官方网站[EB/OL]. [2013.01.25]. http://www.newneu.net.

[27] 王于, 林良明, 颜国正. 动态障碍物环境下移动机器人路径规划[J]. 上海交通大学学报, 2002(10): 1 430-1 434.

[28] 云波, 闰青东, 李宏才. 虚拟环境中碰撞检测算法分析[J]. 系统仿真学报, 2006: 103-107.

[29] 董向阳, 张佐刚. 基于层次包围盒的碰撞检测算法研究[C]. 系统仿真技术及其应用学术交流会, 2006: 122-124.

[30] Thibault W C. Set operations on polyhedral using binary space partitioning trees[J]. Computer Graphics, 1987(21): 153-162.

[31] 马登武,叶文.基于包围盒的碰撞检测算法综述[J].系统仿真学报,2006(18):1 058 -1 064.
[32] 温昱. 软件架构设计[M]. 北京: 电子工业出版社, 2007.
[33] 方奕敏. 仿生机器鱼的设计优化与协作控制研究[D]. 北京: 北京大学,2006.
[34] 魏洪栋. 多关节仿生机器鱼运动控制优化[D]. 北京:北京大学,2010.
[35] 张乐. 多模态机器鱼的设计与控制[D]. 北京:北京大学,2009.
[36] 卞宏友,刘伟军,王天然. 面向快速制造扫描分区的凹多边形凸分解算法[J].计算机应用,2005(9):2 143 -2 145.
[37] 佚名. Webots 官方介绍[EB/OL]. [2013 - 02 - 20]. http://www.cyberbotics.com/overview.
[38] Olivier Michel. Webots: professional mobile robot simulation[J]. International Journal of Advanced Robotic Systems, 2004, 1(1): 39 -42.
[39] Steven Cherry. Robots incorporated[J]. IEEE Spectrum, 2007, 44(8): 24 -29.
[40] Kyle Johns, Trevor Taylor. Professional microsoft robotics developer studio [M]. Indianapolis: Wiley Publishing, Inc., 2008.
[41] Josuttis N M. SOA in practice(影印版)[M]. 江苏: 东南大学出版社, 2008.
[42] 李代平. 软件工程[M]. 北京: 清华大学出版社, 2011.
[43] 周长发. C#面向对象编程[M]. 北京: 电子工业出版社, 2007.
[44] Microsoft Cooperation. C# Language Specification[EB/OL]. [2013 -02 -24] http://download.microsoft.com/download/0/B/D/0BDA894F - 2CCD - 4C2C - B5A7 -4EB1171962E5/CSharp%20Language%20Specification.doc.
[45] Christer Ericson. Real - Time Collision Detection[M]. Massachusetts, U.S.A.: Morgan Kaufmann Publishers, 2005.
[46] 任静, 谢广明. 机器鱼 2D 仿真平台碰撞检测算法[J]. 兵工自动化, 2011, 30(12): 87 -90.
[47] David Eberly. Intersection of convex objects: The method of separating axes [EB/OL]. [2013 -02 -24]. http://www.geometrictools.com, 2002.
[48] Cohen J E, Small C, Mellinger A, et al. Estimates of coastal populat ions[J]. Science, 1997, 278(5):1 209 -1 212.

[49] 佚名. Webots 维基页面[EB/OL]. [2013 - 02 - 20]. http://en.wikipedia.org/wiki/Webots.

[50] 佚名. Webots 官方介绍[EB/OL]. [2013 - 02 - 20]. http://www.cyberbotics.com/overview.

后　　记

素质体育机器人运动是一项利国利民的伟大工程。为了促进素质体育机器人运动的发展，提高国民综合素质，提升国家科学技术和教育水平，全国素质体育机器人运动组委会特委托北京大学专门开发了机器人竞赛系列教材，并展开相应网络课程教学。本教材属于水中专项（机器鱼）系列，该系列共分全局视觉、自主视觉和2D仿真三大类别，详细地介绍了相关机器人竞赛的科学原理、技术方法和竞赛规程等。

多机器鱼协作仿真系统是中国素质体育机器人运动会水中专项2D仿真组竞赛项目所指定的软件平台。本书全面系统地介绍了多机器鱼协作仿真系统的设计模型，实现原理以及使用方法等问题。全书共分8章。第1章绪论；第2章介绍仿真系统设计；第3章介绍仿真系统的实现过程；第4章介绍仿真系统中的碰撞检测的方法和效果；第5章介绍仿真机器人的伪3D绘制；第6章介绍仿真障碍物的设计与实现；第7章介绍仿真系统的应用；第8章总结和展望。本书适用于参加中国素质体育机器人运动会水中专项运动全局视觉组竞赛项目的所有教练员、裁判员和运动员，也适合机器人爱好者参考学习。

本书的编者感谢北京大学和北京信息科技大学已毕业和在读的研究生同学们为完成本书所作出的重要贡献，感谢国家自然科学基金委员会的基金项目支持。

由于编写时间和编者水平有限，书中不足和遗漏之处在所难免，欢迎读者批评指正。

谢广明

北大中关园

2013年4月